下水道工学［第3版］

松本順一郎
西 堀 清 六
著

朝倉書店

序

　本書は，大学・高専における土木・環境系の学生のための教科書または参考書として書かれたものである．

　初版が1982年に出版されて以来，下水道技術の進歩に伴い，1994年には改訂を行った．しかし，その後も，水質環境基準や下水道法の改正が行われて，下水道に新たな役割が要求されるようになった．そこで，本書の内容をより充実したものにするため，資料等を刷新し，第3版を出版する運びとなった．改訂に当っては，図面や例題を出来るだけ設けて，基本的事項の理解に役立つように心掛けた．

　本書を刊行するに当って，大村達夫（東北大学），大久保俊治（日本上下水道設計株式会社）両氏の協力を得た．また，下水道施設計画・設計指針と解説（日本下水道協会，2001年）をはじめとする多くの図書を参照・引用したので，その書名と著者は参考図書として巻末に記した．これらの諸氏に深甚な謝意を表する次第である．

　2001年9月

著　　者

初 版 の 序

　本書は大学・高専における土木系学科の学生のための教科書または参考書として書かれたものである．記述は出来るだけ簡潔を旨とし，基礎となる水質学，水理学，土質工学，材料力学などの理解の上に立った下水道工学の論述を心掛けた．各章節の冒頭に a. 概説の項をおき，要点を示し，b. 以下の項で補足説明を行っている．図面は実務家向とせず，初学者に原理を理解してもらえるように作成した．また，例題を出来るだけ設けて，基本的事項の理解に役立つようにした．

　本書を執筆するに当って，図面の作成に花木啓祐，大久保俊治両氏の援助をうけた．また，下水道施設設計指針と解説（日本下水道協会）をはじめとする多くの図書を参照・引用したので，その書名と著者を記した．これらの諸氏に深甚な謝意を表する次第である．

　最後に，永年にわたって御薫陶下さった恩師である故東京大学名誉教授広瀬孝六郎先生および元東京大学教授板倉誠先生に心からの敬意と謝意を表する次第である．

　　昭和57年3月

著　　者

目　　次

1. 総　　論 …………………………………………………………………… 1
   1.1 定　　義 ………………………………………………………………… 1
   1.2 歴　　史 ………………………………………………………………… 2
   1.3 意　　義 ………………………………………………………………… 7

2. 下水道計画 ………………………………………………………………… 10
   2.1 流域別下水道整備計画 ………………………………………………… 10
   2.2 公共下水道計画 ………………………………………………………… 16

3. 計画下水量 ………………………………………………………………… 19
   3.1 計画人口 ………………………………………………………………… 19
   3.2 計画汚水量 ……………………………………………………………… 20
   3.3 計画雨水量 ……………………………………………………………… 22
      3.3.1 降雨強度 …………………………………………………………… 23
      3.3.2 流達時間 …………………………………………………………… 26
      3.3.3 流出係数 …………………………………………………………… 28
      3.3.4 合　理　式 ………………………………………………………… 30
      3.3.5 実験公式 …………………………………………………………… 31

4. 下水排除 …………………………………………………………………… 33
   4.1 排除方式および排水系統 ……………………………………………… 33
      4.1.1 排除方式 …………………………………………………………… 33
      4.1.2 配置方式 …………………………………………………………… 34
      4.1.3 排水区域 …………………………………………………………… 35
      4.1.4 下水処理場，幹線および枝線 …………………………………… 36

- 4.2 下水管きょの設計 …………………………………………… 38
  - 4.2.1 排水区画割平面図および排水施設平面図 …………… 38
  - 4.2.2 下水管きょ縦断面図 …………………………………… 40
  - 4.2.3 流量計算と形状・こう配の決定 ……………………… 42
- 4.3 水理計算 ………………………………………………………… 46
  - 4.3.1 管きょの流量 …………………………………………… 46
  - 4.3.2 水理特性曲線 …………………………………………… 48
  - 4.3.3 量　水 …………………………………………………… 51
- 4.4 下水管きょ ……………………………………………………… 54
  - 4.4.1 形　状 …………………………………………………… 54
  - 4.4.2 材　料 …………………………………………………… 56
  - 4.4.3 継　手 …………………………………………………… 57
  - 4.4.4 基礎工 …………………………………………………… 58
- 4.5 下水管きょの応力計算 ………………………………………… 59
  - 4.5.1 土圧式 …………………………………………………… 59
  - 4.5.2 路面荷重 ………………………………………………… 62
  - 4.5.3 応力計算 ………………………………………………… 63
- 4.6 付属設備 ………………………………………………………… 65
  - 4.6.1 側溝，ますおよび取付け管 …………………………… 65
  - 4.6.2 汚水ます ………………………………………………… 67
  - 4.6.3 マンホール ……………………………………………… 68
  - 4.6.4 伏越し …………………………………………………… 70
  - 4.6.5 雨水吐き室 ……………………………………………… 71
  - 4.6.6 雨水調整池 ……………………………………………… 72
  - 4.6.7 吐き口 …………………………………………………… 73
  - 4.6.8 雨水浸透施設 …………………………………………… 73
  - 4.6.9 雨水貯留管 ……………………………………………… 75
- 4.7 管きょの施工 …………………………………………………… 75

5. ポンプ場およびポンプ……78
5.1 ポンプ場……78
5.1.1 種類および計画下水量……78
5.1.2 付属設備……79
5.2 ポンプ……79
5.2.1 種類……79
5.2.2 付属品およびポンプ台数……82

6. 水質……85
6.1 下水水質……85
6.1.1 固形物……85
6.1.2 有機物質……85
6.1.3 透視度……85
6.1.4 pH……86
6.1.5 アルカリ度……87
6.1.6 溶存酸素……87
6.1.7 生物化学的酸素要求量……88
6.1.8 化学的酸素要求量……89
6.1.9 全有機炭素……89
6.1.10 窒素……89
6.1.11 リン……90
6.1.12 有害物質など……90
6.2 富栄養化……91
6.3 汚濁負荷量原単位……92

7. 下水処理……94
7.1 総説……94
7.1.1 計画下水量……94
7.1.2 処理方法の決定……95
7.2 予備処理……96

7.2.1　スクリーン …………………………………………… 96
　　7.2.2　粉砕装置 ……………………………………………… 97
　　7.2.3　沈砂池 ………………………………………………… 98
　　7.2.4　予備エアレーションタンク ………………………… 101
　　7.2.5　汚水調整池 …………………………………………… 101
7.3　沈殿処理 …………………………………………………… 103
　　7.3.1　雨水滞水池 …………………………………………… 103
　　7.3.2　最初沈殿池 …………………………………………… 104
　　7.3.3　最終沈殿池 …………………………………………… 109
　　7.3.4　薬品沈殿法 …………………………………………… 109
7.4　生物学的処理 ……………………………………………… 111
　　7.4.1　概説 …………………………………………………… 111
　　7.4.2　生物学的酸化 ………………………………………… 113
　　7.4.3　標準活性汚泥法 ……………………………………… 115
　　7.4.4　活性汚泥法の変法 …………………………………… 122
　　7.4.5　散水沪床法 …………………………………………… 126
　　7.4.6　回転生物接触法 ……………………………………… 128
　　7.4.7　嫌気性処理 …………………………………………… 129
7.5　消毒 ………………………………………………………… 130
　　7.5.1　概説 …………………………………………………… 130
　　7.5.2　塩素消毒 ……………………………………………… 131
　　7.5.3　紫外線消毒 …………………………………………… 132
　　7.5.4　オゾン消毒 …………………………………………… 133
7.6　高度処理 …………………………………………………… 133
　　7.6.1　概説 …………………………………………………… 133
　　7.6.2　浮遊物質の除去 ……………………………………… 134
　　7.6.3　微量有機物質の除去 ………………………………… 134
　　7.6.4　リンの除去 …………………………………………… 134
　　7.6.5　窒素の除去 …………………………………………… 136

8. 下水の処分と再利用 ………………………………………… 139
　8.1　下水の処分 ………………………………………………… 139
　8.2　下水の再利用 ……………………………………………… 139

9. 汚泥の処理・処分 …………………………………………… 142
　9.1　総　　説 …………………………………………………… 142
　9.2　濃　　縮 …………………………………………………… 145
　9.3　嫌気性消化 ………………………………………………… 148
　9.4　脱　　水 …………………………………………………… 154
　9.5　焼　　却 …………………………………………………… 159
　9.6　溶　　融 …………………………………………………… 161
　9.7　処分および再利用 ………………………………………… 162

参　考　図　書 …………………………………………………… 166
索　　　引 ………………………………………………………… 167

1. 総 論

1.1 定 義

a. 概 説

下水（sewage）とは，家庭汚水，工場排水，雨水および地下水などの不用の水をいい，下水を排除する管きょを下水管きょという．また，下水を排除し処理する施設の総体を下水道（sewage works）という．

下水道は，公共下水道，流域下水道および都市下水路の3つに分類される．

b. 下水，下水管きょおよび下水道

下水は，雨水（storm water）と汚水（sanitary wastewater）とからなる．汚水は，家庭汚水を中心とした生活排水，工場および事業所排水，および地下水などによって構成されており，その量と質は時間的，地域的に変化する．

下水道とは，下水を管きょによって排除し，汚水を処理し，公共用水域に放流する施設の総体である．下水道は，管きょ施設，ポンプ場施設および処理場施設よりなっている．

管きょ施設は，管きょ，マンホールおよび吐き口などの総称であり，下水を原則として自然流下でポンプ場，終末処理場，あるいは公共用水域に導く役割を果たすものである．

c. 公共下水道，流域下水道および都市下水路

下水道法による定義によれば，公共下水道とは，主として市街地における下水を排除し，または処理するために地方公共団体が管理する下水道で，終末処理場を有するもの，または流域下水道に接続するものであり，かつ，汚水を排除すべき排水施設の相当部分が暗きょ（地中に埋設された排水路）である構造のものをいう．事業主体は原則として市町村である．

流域下水道とは，もっぱら地方公共団体が管理する下水道により排除される下

水を受けて，これを排除し，および処理するために地方公共団体が管理する下水道で，2以上の市町村の区域における下水を排除するものであり，かつ，終末処理場を有するものをいう．事業主体は原則として都道府県である．

都市下水路とは，主として市街地における下水を排除するために，地方公共団体が管理している下水道（公共下水道および流域下水道を除く）で，その規模が政令で定める規模以上のものであり，かつ，当該地方公共団体が指定したものをいう．事業主体は市町村である．

d. 下水道類似施設

合併処理浄化槽，コミュニティ・プラント，農業集落排水処理施設などの下水道類似施設は，特定の者または一定区域内の任意の者の生活環境の改善を主たる目的として設置される施設である．

1.2 歴 史

a. 概 説

古代において最も有名なものはローマの下水道であるが，近代式の下水道は19世紀にイギリスではじめて発達した．すなわち，水洗便所の発明・普及に伴って，これによるし尿（night soil）の下水管きょへの放流が許可された．

わが国においては，古来，し尿が唯一の肥料として使用され，便所の構造も汲取り式であり，下水道はあまり発達していない．1873（明治16）年に，オランダ人デレーケ（D'rijke）の意見にしたがって分流式の下水道を東京の神田に設けたのが，近代式の下水道のはじめである．また，1899（明治32）年から1913（大正2）年にかけて，仙台市において，わが国の技術者の手による最初の暗きょ式下水道が築造された．1922（大正11）年に，わが国で最初の下水処理場が東京の三河島に設けられた．

b. 外 国

人類が地球に出現したのは100万年前であり，今日のような文明社会の成立は5,000～10,000年前といわれている．

歴史はシュメールに始まるといわれるように，シュメール人の住んでいたメソポタミアは，古代に輝かしい文明をもっていた．いま，われわれが知ることので

きる世界最古の便所は，テル・アスマルの宮殿から発見されたもので，紀元前2200年頃のものである．宮殿には6つの便所と5つの浴室が設けられていた．衛生設備も整っていて，下水管を排水が流れ，直径1m，長さ50mの地下の本管につながっていた．腰掛式の水洗便所を用いていた．

インダス川流域に，前2350～1750年にかけて栄えた古代文明都市モヘンジョダロの遺跡に発見された下水道は，完備されたものであった．各戸から排出された汚水は，陶管を通って直接れんが造の下水道へ，もしくは浸込み式の底を抜いた大がめによる汚水タンクを経て，大通りの本下水道へと導かれた．本下水道には，ある間隔でれんが造のマンホールが設けられ，定期的に市の衛生係がその中の堆積物の清掃をしたとされている．

古代で最も有名なものはローマの下水道である．これはクロアカ・マキシマ (Cloaca Maxima) とよばれ，前616～578年に築造された半円アーチ形の石造きょで，最大断面は幅3.6m，高さ4.2mもあり，現在その一部738mが使用されている．7つの丘に囲まれた市街の排水のために設けられたもので，下水はティベリス川に放流されている．

古代ローマ人の使用した便所には4種類あった．第1はラサナとよばれた椅子式の便器，第2はガストラという道端に置かれた公衆用の壺である．第3はクロアキナとよばれ，ガストラが水洗式の公衆便所となったもので，溝水道という意味の名称であり，上水道の建設によって完備されたものである．14水路，延長578kmに及ぶ導水路が紀元305年までの間につくられた．このような上水道の整備は，やがて各戸の便所を水洗化させた．これがラトリナとよばれる第4のものである．

これらは東方文明の影響を受けたものと考えられる．

476年の西ローマ帝国滅亡後，中世においては下水道はまったく顧みられなくなった．中世の都市の便所は，隣家との間などに外へ張り出すようにつくられていた．川沿いでは川の上，それ以外では糞壺や肥桶の上に置かれており，これが集められて郊外で肥料として利用されていた．よく指摘される非衛生さは，中世後期の都市の高密化の進行に伴うものである．多層のアパートが出現し，上層の居住者は戸外の便所の使用を面倒くさがり，室内の便器の中身を外に捨てるようなことがしばしば行われた．また，雨水は浸透・蒸発にまかせ，汚水は街路上に

そそぎ，また街路中央の開きょに導かれた．このような状態であったので，ペスト，コレラ，チフスなどの伝染病が蔓延した．

1）イギリス　近代式の下水道は，19世紀に入ってから，イギリスではじめて発達した．

産業革命以前においてもあまり衛生状態のよくなかった都市に，イギリスで1760〜1830年に行われた産業革命は，多くの人口を集めた．19世紀前半のイギリス諸都市の庶民住宅は，非常に粗末なもので，マンチェスターの1地区の例では，7,000戸のうち便所付きの家屋は2/3くらいで，残りの1/3の2,300戸余りは便所なしといったひどいものであった．また，当時の道路は舗装されてなく，人々がし尿やゴミを捨てるため，非衛生な状態であった．そこへコレラが蔓延したため，市民は恐怖に陥り，有産階級の人々は，自分達が住む地域だけをよくしてもだめで，スラム街も同時に改善しなければ，コレラの蔓延が防げないことに気付いて，保健委員会を結成し，都市全体の生活環境の改善に乗り出すようになった．

ロンドンでは16世紀の頃から，局部的に下水道の改良が行われてきていたが，し尿の下水道への放流は禁じられていた．1810年頃に水洗便所（water closet）が発明され，1815年には水洗便所によるし尿の下水道への放流が許可され，下水とともにテムズ川に放流された．1832年にコレラが大流行し，下水道のある地域の患者数が少ないことが明らかになり，下水道の必要性が認められ，1842年に公衆衛生法（Public Health Act）が施行されて，下水道の改良を促進するようになった．1856年に市建設局（Metropolitan Board of Works）が，ロンドンの下流でテムズ川に下水を放流すべく，遮集計画の立案に着手し，1865年に南岸のクロスネスで，次いで1889年にベクトンで完成した．下水処理は行わず，貯水池に貯留し，干潮時に放流した．1887〜95年に常流式沈殿池に改造され，また汚泥タンクを設け，汚泥の海洋投棄船6隻がつくられた．これより先，1860年に下水浄化の王立委員会が設けられ，さらに1882年にはテムズ川汚染防止委員会が設けられて，下水道ならびに河川の浄化が研究され，下水道の発展に寄与した．

2）フランス　フランスでは，1832年のコレラの流行がきっかけとなって，パリで1833年以降，新しい下水道が計画・建設された．大下水幹線は幅6.0 m，

高さ5.0mで，内部に水道管・ケーブルなどを収容していた．

3）ドイツ　ドイツにおける最初の下水道は，イギリスの技術者によって計画・建設された．ハンブルグがそれで，1842年の大火後にリンドレー（Lindley）を招いて下水道が計画・建設された．ベルリンでは，ドイツの技術者ホープレヒト（Hobrecht）によって放射式の配置方式の下水道が計画され，市の中心部に下水道が完成したのは1876～82年である．下水は市周辺の灌漑地に送られた．1880～90年にかけて，大部分の大都市の下水道が整備された．

4）アメリカ　アメリカでは，1857年にアダムス（Adams）がニューヨークのブルックリンの下水道の設計に任用された．その後，1880年頃から各都市に普及し，1915年にボルティモアに建設されたものが代表的な近代式下水道である．

c. 日　本

わが国においては，昔からし尿を唯一の肥料として，農家に有料処分を行わせていた関係上，便所は汲取り式であり，これを下水管きょに放流することがなかったので，下水道の発達がみられなかった．また，河川の汚染もはなはだ軽微であった．

1）仙台　仙台城の開府は，1601（慶長6）年の伊達政宗による築城に始まり，市街の建設工事もこれと並行して行われ，寛永期（1624～44年）には城下町が完成した．現在でもその名の残る孫兵衛堀は，4代目伊達綱村以前に，石巻港開祖の川村孫兵衛重吉の養子にあたる孫兵衛元吉によって開削されたもので，谷地・深田の排水工事は仙台の発展に大きく貢献した．引き続いて綱村の親政後1673年から1684年にかけて，四ツ谷堰が開削された．これによって，広瀬川の上流の郷六でせき上げられた水は，市内中央部を通り，防火用水および排水の効用を果たしながら，さらに下流の六郷，七郷の東方沃野を灌漑した．現在の仙台市における下水道事業は，この自然流下の排水系統をそのまま受け継いだもので，旧藩時代に発達した多くの防火用および衛生排水路工事に端を発したといえる．これらの溝きょは，約300余年の長きにわたって，その機能を十分に発揮してきた．その水路構造は，各家軒先下水および汚水きょで，各戸に小さい箱どいを埋め，道路を横断して道路中央の溝きょに放流され，その掃除は町家各自の受持ちとして，常に伊達家御屋敷方役人が監督した．

明治の大変革期には，車両通行の障害などの理由から，これら道路中央の溝きょは裏堀として付け替えられたが，浚渫が完全に行われず，その維持管理が不十分であったため，降雨の際に雨水，汚水の停滞が著しかった．特に，1873（明治6）年，市内道路中央の開きょを埋めてから衛生上の危害がはなはだしくなり，1884（明治17）年，当時の仙台区長松倉恂は，市内の溝きょを開削して大いに排水の便を図ろうと企画した．1889（明治22）年，市制が実施され，遠藤庸治が市長に就任するにおよんで，市参事会は全市の水利事業を興すことが急務であることを痛感し，これを専門技術者に嘱託のうえ，あらためて調査することになった．1891（明治24）年，この準備調査として全市の測量を開始し，1893（明治26）年，完成とともに直ちに下水道設計計画にとりかかることになった．内務省に専門技師の派出を請い，工科大学教師兼内務省衛生局傭イギリス人バルトン（Burton）が仙台市に派遣された．バルトンは同年，設計事務取扱方を委嘱され，実地踏査に入り，十数日で調査が終了して，さらに補足測量を指示して帰京した．このバルトンの調査および報告文をもとに，当時の内務省技師近藤虎五郎，帝国大学教授中島鋭治，仙台市役所技師西尾虎太郎らによって下水道設計が作成された．当時の市予算総額376,400円の約30％にあたる135,093円の工事費で，1899（明治32）年から1912（大正元）年に至る間に第1期工事が施工された．これは，わが国の技術者の手になる暗きょ式下水道のはじめで，モルタル管を製作使用したはじめでもある．合流式下水道で，管きょには陶管，モルタル管，および石材・れんが混用の矩形暗きょなどを使用した．

　2）東　京　東京では，1872（明治5）年の銀座大火の後，街路の整備とともに両側の溝きょを洋風の暗きょ式に改めた．その後，1877（明治10）年にコレラが流行し，内務省は1883（明治16）年に東京府に対して下水道溝きょの改良を命じた．東京府は翌1884（明治17）年に国庫補助をうけ，内務省傭工師オランダ人デレーケ（D´rijke）の調査・設計に基づいて，神田に分流式下水道を布設したのが，わが国の近代式下水道の始まりである．1888（明治21）年に東京市区改正条令が公布され，上下水道設計調査委員会が組織されると，イギリス人バルトンはその取調主任となり，翌1889（明治22）年に分流式下水道設計を完了し，これが東京市下水道計画の基準となった．

　1904（明治37）年に東京市区改正委員会は，中島鋭治博士に下水道設計の調

査を嘱託し，1907（明治40）年に合流式下水道を根幹とする下水道設計案がなった．1909（明治42）年に東京市は下水道施設調査委員会を，翌1910（明治43）年には改良下水道施設調査委員会を設けて審議を重ね，1911（明治44）年に下水道改良事務所を設け，米元晋一を主任技師に任じ，工事に着手し，1922（大正11）年には三河島汚水処分場が開設され，わが国ではじめての下水処理が行われるようになった．

3）下水道法　　1900（明治33）年に，汚物掃除法とともに土地の清潔を保つことを目的として，下水道法（Sewerage Law）が公布された．下水道の築造および管理は市町村が行うこと，築造にあたって内務大臣の認可を受けることが定められ，国庫から総工費の1/3の補助を行ってその普及につとめたが，収益の伴わない下水道事業の普及は遅々として進まなかった．

1958（昭和33）年に，都市の健全な発達と公衆衛生の向上に寄与することを目的として，新しい下水道法が公布され，旧法は廃止された．その後，わが国経済の高度成長に伴う環境汚染の深刻化に伴って，公害関係法の整備の一環として，1970（昭和45）年に下水道法の一部改正が行われ，その目的に「公共用水域の水質の保全に資すること」を加えた．また，流域別下水道整備総合計画および流域下水道に関する規定が新たに設けられた．1996（平成8）年には，下水道法の一部を改正する法律が公布されて，高度情報化の社会変化に対応して，下水道管の内部に光ファイバーなどを布設することが可能となったとともに，発生汚泥の適切な処理と汚泥の減量化が下水道管理者の責務となった．

1.3　意　　義

a. 概　　説

保健の増進，雨水による浸水・氾濫の防止，土地利用の増大，公共用水域の水質保全，水資源としての再利用，下水汚泥の利用，都市美の増大，下水道施設の空間利用などが下水道の意義としてあげられる．

b. 保健の増進

上水道の整備によって水による伝染病が著しく減退するが，さらに下水道が整備されると，水洗便所の設置によって，し尿が速やかに運び去られるので，伝染

病は一層減退して絶滅に近づく．古い統計であるが，ベルリンにおける下水道の整備と腸チフス死亡率との関係を示す表1.1から，このことが明らかである．

表1.1 下水道整備と腸チフス死亡率との関係（ベルリン）

年　次	下水道に連結した戸数	人口1万人当り腸チフス死亡率
1870年	0	7.7
1880年	7,475	4.5
1890年	20,307	0.9
1900年	26,784	0.6
1910年	31,455	0.3
1920年	32,203	0.2

c. 浸水・氾濫の防止

雨水を速やかに排除して，浸水・氾濫による都市災害を防除することができる．下水管きょの大きさは経済的に制約を受け，一定強度以上の降雨の場合には支障なく排除できないが，この場合でもあふれている時間は短いので，下水道のない場合のように幾日も水がひかないことはない．

d. 土地利用の増大

地下水水位の低下により湿地が改良されて，用地としての利用が増大する．

e. 公共用水域の水質保全

河川，湖沼および海域などの公共用水域の水質汚濁の防止に役立つ．これによって公共用水の利用が増大し，保健上，経済上効果があがる．

f. 水資源としての再利用

水質汚濁の防止は，公共用水域の水資源としての利用を増大させることになる．また，下水処理水を河川などに放流してから用水として再利用したり，あるいは下水処理水を必要に応じて再処理してから直接利用したりできる．

g. 下水の熱および落差の利用

下水処理水の水温が安定しているので，その熱を利用し，ヒートポンプによる地域冷暖房が可能である．また，処理水の放流落差を利用した水力発電が可能である．

h. 下水汚泥の利用

下水処理で生成される汚泥は，コンポストの資材としての利用，焼却灰の建設資材としての利用，下水汚泥消化ガスによるガス発電が可能である．

i. 都市美の増大

下水道の整備によって都市美が増大し，気持のよい生活が期待でき，精神的効果があがる．また，より積極的には，高度処理した水を有効に利用することによ

表1.2 上部利用施設用途（1998年3月）

施設別 用途別	処理場	ポンプ場	計
公園・広場	81	14	95
スポーツ施設	83	5	88
構築物	12	1	13
防災空間	2	—	2
その他	5	3	8
計	183	23	206

(注) 重複含む．(下水道統計)

って，開発に伴って都市から失われていった美しい水辺を創造することができる．

j. 下水道施設の空間利用

下水道の終末処理場やポンプ場の上部空間は，都市における貴重なオープンスペースであり，テニスコートや公園として利用している例が多い．また，上部に市民プラザや武道館を建設するなどの新しい取り組みも行われている．

また，下水道管きょには，光ファイバーを布設して高度情報化社会への対応が図られている．表1.2に上部利用施設数を示す．

2. 下水道計画

2.1 流域別下水道整備計画

a. 概　　説

都道府県は，環境基本法に基づいて，公共用水域の環境上の条件を水質環境基準に達しさせるために，それぞれの公共用水域ごとに下水道整備に関する総合的な基本計画を定め，国土交通大臣の承認を受ける．

b. 計 画 策 定

公共用水域の水質環境基準を達成するためには，下水道計画は単なる1市町村の下水道計画でなく，その流域全体の総合的なものでなければならない．流域別下水道整備総合計画は，このために，下水道に与えられた役割を最も合理的かつ効果的に果たせるように，下水道の配置，能力および実施順位を定めるもので，流域内の個々の下水道計画の上位計画となるものである．

本計画は，下水道法に基づき，水質環境基準が定められた水域のうち，2以上の市町村の汚水によって水域が汚濁されていて，主として下水道の整備によって水質環境基準が達成される水域について，都道府県が策定するよう義務付けられている．

本計画の策定条件としては，
(1) 当該地域における地形，降水量，河川の流量その他の自然的条件
(2) 当該地域における土地利用の見通し
(3) 当該公共の水域にかかわる水の利用の見通し
(4) 当該地域における汚水の量および水質の見通し
(5) 下水の放流先の状況
(6) 下水道の整備に関する費用効果分析

があげられる．これらを勘案して，

2.1 流域別下水道整備計画

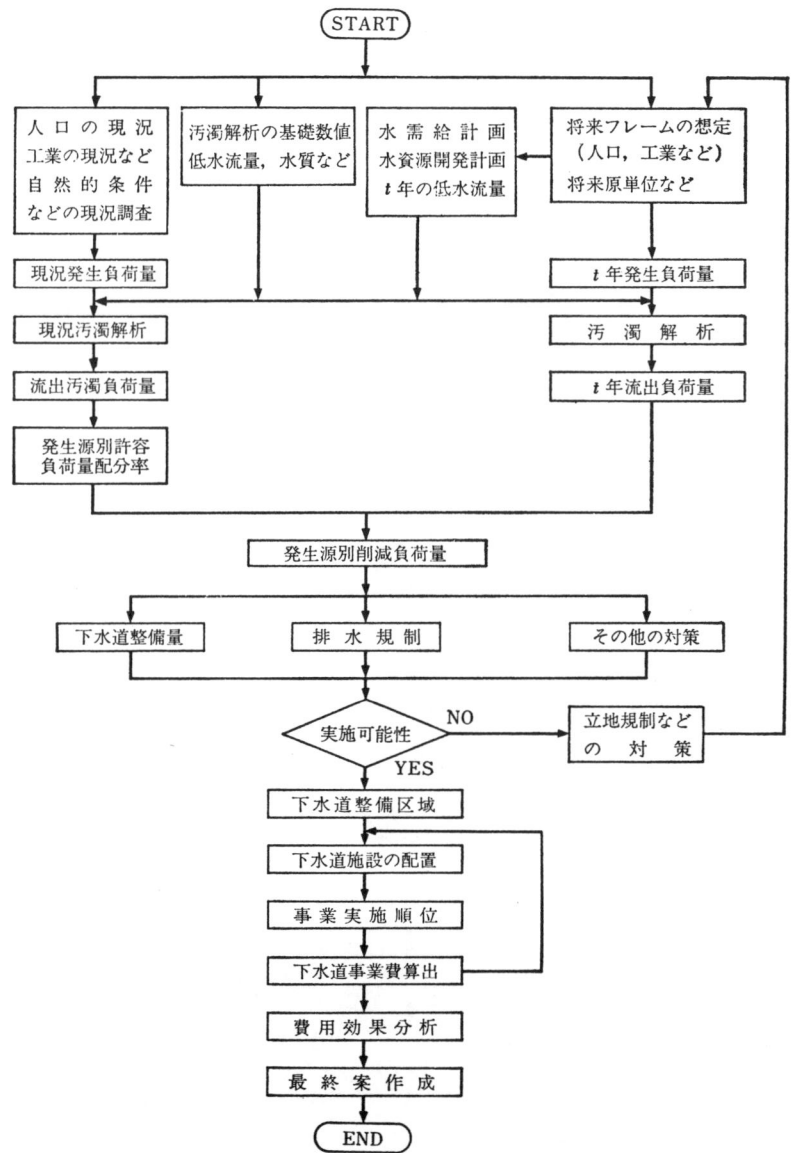

図2.1 流域下水道整備総合計画策定の手法

(1) 下水道の整備に関する基本方針
(2) 下水道により下水を排除し，および処理すべき区域
(3) 下水道の根幹的施設の配置，構造および能力
(4) 下水道の整備事業の実施の順位

などの内容をもった計画を策定する．

本計画策定の手法を参考までにフローチャートで示すと図2.1のようになる．

c. 水質環境基準（environmental water quality standards）

水質汚濁にかかわる環境基準は，環境基本法に基づいて，水質汚濁を防止するため，行政上の目標として，公共用水域において維持しなければならない水質の基準であり，人の健康の保護に関する環境基準と生活環境の保全に関する基準の2つがある．

人の健康の保護に関する環境基準は，1993（平成5）年に大幅に改正されて，表2.1に示すとおりであって，すべての公共用水域に適用される．生活環境の保全に関する環境基準については，公共用水域を河川，湖沼および海域の3つに分類し，それぞれについて利水目的に応じて水域類型を定め，実際の水域に対して個々にその類型をあてはめる方式がとられている．この類型の指定は，県際水域を除いて，都道府県知事に権限が委任されている．湖沼，海域においては，富栄養化防止の観点から，窒素やリンの環境基準が定められている（表2.2）．

表2.1 人の健康の保護に関する環境基準

項　目	人の健康の保護に関する環境基準（基準項目）	項　目	人の健康の保護に関する環境基準（基準項目）
全シアン	検出されないこと	1.2-ジクロロエタン	0.004 mg/l 以下
総水銀	0.0005 mg/l 以下	1.1-ジクロロエチレン	0.02 mg/l 以下
アルキル水銀	検出されないこと	シス-1.2-ジクロロエチレン	0.04 mg/l 以下
PCB	検出されないこと		
鉛	0.01 mg/l 以下	ジクロロメタン	0.02 mg/l 以下
六価クロム	0.05 mg/l 以下	ベンゼン	0.01 mg/l 以下
ヒ素	0.01 mg/l 以下	チウラム	0.006 mg/l 以下
カドミウム	0.01 mg/l 以下	シマジン（CAT）	0.003 mg/l 以下
セレン	0.01 mg/l 以下	チオベンカルブ（ベンチオカーブ）	0.02 mg/l 以下
トリクロロエチレン	0.03 mg/l 以下		
テトラクロロエチレン	0.01 mg/l 以下	1.3-ジクロロプロペン（D-D）	0.002 mg/l 以下
四塩化炭素	0.002 mg/l 以下		
1.1.2-トリクロロエタン	0.006 mg/l 以下	1.1.1-トリクロロエタン	1.0 mg/l 以下

表2.2 生活環境の保全に関する環境基準

1. 河川・湖沼
(1) 河 川

類型\項目	利用目的の適応性	基準値				
		水素イオン濃度 (pH)	生物化学的酸素要求量 (BOD)	浮遊物質量 (SS)	溶存酸素量 (DO)	大腸菌群数
AA	水道1級 自然環境保全およびA以下の欄に掲げるもの	6.5以上 8.5以下	1 ppm以下	25 ppm以下	7.5 ppm以上	50 MPN/100 ml以下
A	水道2級 水産1級 水浴およびB以下の欄に掲げるもの	6.5以上 8.5以下	2 ppm以下	25 ppm以下	7.5 ppm以上	1,000 MPN/100 ml以下
B	水道3級 水産2級およびC以下の欄に掲げるもの	6.5以上 8.5以下	3 ppm以下	25 ppm以下	5 ppm以上	5,000 MPN/100 ml以下
C	水産3級 工業用水1級およびD以下の欄に掲げるもの	6.5以上 8.5以下	5 ppm以下	50 ppm以下	5 ppm以上	—
D	工業用水2級 農業用水およびEの欄に掲げるもの	6.0以上 8.5以下	8 ppm以下	100 ppm以下	2 ppm以上	—
E	工業用水3級 環境保全	6.0以上 8.5以下	10 ppm以下	ごみなどの浮遊が認められないこと	2 ppm以上	—

(備考) 1. 基準値は,日間平均値とする(湖沼,海域もこれに準ずる).
2. 農業用利水点については,水素イオン濃度6.0以上7.5以下,溶存酸素量5 ppm以上とする(湖沼もこれに準ずる).

(注) 1. 自然環境保全:自然探勝などの環境保全.
2. 水道1級:沪過などによる簡易な浄水操作を行うもの.
   水道2級:沈殿沪過などによる通常の浄水操作を行うもの.
   水道3級:前処理を伴う高度の浄水操作を行うもの.
3. 水産1級:ヤマメ,イワナなど貧腐水性水域の水産生物用ならびに水産2級および水産3級の水産生物用.
   水産2級:サケ科魚類およびアユなど貧腐水性水域の水産物用および水産3級の水産生物用.
   水産3級:コイ,フナなど,β-中腐水性水域の水産生物用.
4. 工業用水1級:沈殿などによる通常の浄水操作を行うもの.
   工業用水2級:薬品注入などによる高度の浄水操作を行うもの.
   工業用水3級:特殊の浄水操作を行うもの.
5. 環境保全:国民の日常生活(沿岸の遊歩などを含む)において不快感を生じない限度.

(2) 湖沼（天然湖沼および貯水量1,000万 m^3 以上の人工湖）

1) COD, DO など

類型 項目	利用目的の適応性	基準値				
		水素イオン濃度 (pH)	化学的酸素要求量 (COD)	浮遊物質量 (SS)	溶存酸素量 (DO)	大腸菌群数
AA	水道1級 水産1級 自然環境保全およびA以下の欄に掲げるもの	6.5以上 8.5以下	1 ppm 以下	1 ppm 以下	7.5 ppm 以上	50 MPN/100 ml 以下
A	水道2, 3級 水産2級 水浴およびB以下の欄に掲げるもの	6.5以上 8.5以下	3 ppm 以下	5 ppm 以下	7.5 ppm 以上	1,000 MPN/100 ml 以下
B	水産3級 工業用水1級 農業用水およびCの欄に掲げるもの	6.5以上 8.5以下	5 ppm 以下	15 ppm 以下	5 ppm 以上	—
C	工業用水2級 環境保全	6.0以上 8.5以下	8 ppm 以下	ごみなどの浮遊が認められないこと	2 ppm 以上	—

(注) 1. 自然環境保全：自然探勝などの環境保全．
2. 水道1級：沪過などによる簡易な浄水操作を行うもの．
水道2, 3級：沈殿沪過などによる通常の浄水操作，または，前処理などを伴う高度の浄水操作を行うもの．
3. 水産1級：ヒメマスなど貧栄養湖型の水域の水産生物用ならびに水産2級および水産3級の水産生物用．
水産2級：サケ科魚類およびアユなど貧栄養湖型の水域の水産生物用ならびに水産3級の水産生物用．
水産3級：コイ，フナなど富栄養湖型の水域の水産生物用．
4. 工業用水1級：沈殿などによる通常の浄水操作を行うもの．
工業用水2級：薬品注入などによる高度の浄水操作，または，特殊な浄水操作を行うもの．
5. 環境保全：国民の日常生活（沿岸の遊歩などを含む）において不快感を生じない限度．

2) 窒素，リン

類型 項目	利用目的の適応性	基準値		該当水域
		全窒素	全リン	
I	自然環境保全およびII以下の欄に掲げるもの	0.1 mg/l 以下	0.005 mg/l 以下	水域類型ごとに指定する水域
II	水道1, 2, 3級（特殊なものを除く） 水産1級 水浴およびIII以下の欄に掲げるもの	0.2 mg/l 以下	0.01 mg/l 以下	
III	水道3級（特殊なもの）およびIV以下の欄に掲げるもの	0.4 mg/l 以下	0.03 mg/l 以下	
IV	水産2種およびVの欄に掲げるもの	0.6 mg/l 以下	0.05 mg/l 以下	
V	水産3種 工業用水 農業用水 環境保全	1 mg/l 以下	0.1 mg/l 以下	

(備考) 1. 基準値は，年間平均値とする．
2. 水域類型の指定は，湖沼植物プランクトンの著しい増殖を生ずるおそれがある湖沼について行うものとし，全窒素の項目の基準値は，全窒素が湖沼植物プランクトンの増殖の要因となる湖沼について適用する．
3. 農業用水については，全リンの項目の基準値は適用しない．

(注) 1. 自然環境保全：自然探勝などの環境保全．
2. 水道1級：沪過などによる簡易な浄水操作を行うもの．
   水道2級：沈殿沪過などによる通常の浄水操作を行うもの．
   水道3級：前処理などを伴う高度の浄水操作を行うもの（「特殊なもの」とは，臭気物質の除去が可能な特殊な浄水操作を行うものをいう）．
3. 水産1種：サケ科魚類およびアユなどの水産生物用ならびに水産2種および水産3種の水産生物用．
   水産2種：ワカサギなどの水産生物用および水産3種の水産生物用．
   水産3種：コイ，フナなどの水産生物用．
4. 環境保全：国民の日常生活（沿岸の遊歩などを含む）において不快感を生じない限度．

2. 海 域

1) COD, DO など

類型\項目	利用目的の適応性	基準値				
		水素イオン濃度(pH)	化学的酸素要求量(COD)	溶存酸素量(DO)	大腸菌群数	n-ヘキサン抽出物質(油分など)
A	水産1級 水浴 自然環境保全およびA以下の欄に揚げるもの	7.8以上 8.3以下	2 ppm以下	7.5 ppm以下	1,000 MPN/100 ml以下	検出されないこと
B	水産2級 工業用水およびCの欄に掲げるもの	7.8以上 8.3以下	3 ppm以下	5 ppm以上		検出されないこと
C	環境保全	7.0以上 8.3以下	8 ppm以下	2 ppm以上	—	—

(注) 1. 水産1級：マダイ，ブリ，ワカメなどの水産生物用および水産2級の水産生物用．
   水産2級：ボラ，ノリなどの水産生物用．
2. 環境保全：国民の日常生活（沿岸の遊歩などを含む）において不快感を生じない限度．

2) 窒素, リン

項目 類型	利用目的の適応性	基準値		該当水域
		全窒素	全リン	
I	自然環境保全およびⅡ以下の欄に掲げるもの (水産2種および3種を除く)	0.2 mg/l 以下	0.02 mg/l 以下	水域類型ごとに指定する水域
Ⅱ	水産1種 水浴およびⅢ以下の欄に掲げるもの (水産2種および3種を除く)	0.3 mg/l 以下	0.03 mg/l 以下	
Ⅲ	水産2種およびⅣ以下の欄に掲げるもの (水産3種を除く)	0.6 mg/l 以下	0.05 mg/l 以下	
Ⅳ	水産3種 工業用水 生物生息環境保全	1 mg/l 以下	0.09 mg/l 以下	

(備考) 1. 基準値は,年間平均値とする.
　　　 2. 水域類型の指定は,海洋植物プランクトンの著しい増殖を生じるおそれがある海域について行うものとする.
(注)　 1. 自然環境保全:自然探勝などの環境保全.
　　　 2. 水産1種:底生魚介類を含め多用な水産生物がバランスよく,かつ安定して漁獲される.
　　　　 水産2種:一部の底生魚介類を除き,魚類を中心とした水産生物が多獲される.
　　　　 水産3種:汚濁に強い特定の水産生物が主に漁獲される.
　　　 3. 生物生息環境保全:年間を通して底生生物が生息できる限度.

2.2　公共下水道計画

a. 概　　説

　下水道の計画にあたっては,汚水の排除・処理・再利用,汚泥の処理・有効利用および雨水排除の機能を有する計画であることが基本的な要件となる.汚水の排除・処理・再利用および汚泥の処理・有効利用は,生活環境の改善や公共用水域の水質保全に資するものである.また,雨水の排除は,浸水の解消により都市災害を防除するためのものである.

　汚水の処理・再利用に関する計画は,水質環境基準や水利用に応じた水質基準の達成を前提に定めるが,広域的な閉鎖性水域においては,水質総量規制に対応するものとする.また,流域別下水道整備総合計画が定められている流域内では,個別の下水道計画は,この流域別下水道整備総合計画に適合したものとする.さ

らに，処理水を計画的に循環利用する際には，地域の水利用計画を考慮して下水道計画を定める必要がある．

　汚泥の処理・有効利用に関する計画は，発生する汚泥の性状と地域の実情とに応じて，安全で，かつ長期的に安定したものとする．また，汚泥の有する資源的価値を積極的に利用するよう配慮したものとする．

　対象地域の雨水排除は単に下水道のみによって行われるものではなく，河川や農業用排水路なども大きく関連する．そのため，雨水排除に関する計画は，それらの関連する河川や水路などと下水道とを含めた総合的な雨水排除計画を前提として定めるものとする．

b. 計画の策定

　下水道計画の策定にあたっては，計画の目標年次，下水道の整備対象とする区域すなわち計画区域，排除方式などの基本的事項を定める必要がある．

　下水道施設の建設期間はかなり長期にわたる．また，施設の耐用年数も長い．特に管きょの場合は，下水量の増加に対して段階的に能力を増加させることが困難であり，施設は長期的な見通しのうえで計画する必要がある．したがって，おおむね20年後を目標として計画をたてることが多い．

　計画区域は，下水道計画の基本となるものである．その決定にあたっては，投資の効果，経済性，利用者の理解の得やすさ，将来の維持管理のしやすさなどをよく勘案して慎重に検討する．計画区域を決める際の基本的考え方を次に示す．

　(1) 流域別下水道整備総合計画などの定められている場合には，計画区域はこれらの上位計画に適合させる．

　(2) 計画区域は，計画目標年次において市街地や集落が形成されて，汚水を集合処理することが有利な区域とする．

　(3) 公共用水域の水質を保全し，優れた自然環境を保全するために，下水道整備が必要な区域は計画区域とする．

　(4) 計画区域は，地形上の条件を十分に勘案し，行政上の境界にとらわれることなく，広域的かつ総合的な見地から検討する．

　(5) 計画区域は，汚水の処理を行うべき区域としての処理区域，雨水による浸水の防除を図る排水区域に分けて定めるが，排水区域は原則として処理区域と一致させる．

下水の排除方式には分流式と合流式がある．分流式は汚水と雨水とを別々の管路系統で排除する方式で，合流式は同一の管路系統で排除する方式である．分流式は，雨天時に汚水を公共用水域に放流することがないので，水質汚濁防止上有利となる．原則として，下水の排除方式は分流式とする．

c. 財　　源

　下水道を建設する際に，その財源として，国家補助金，市町村費，起債，受益者負担金などが考えられる．下水道使用料金は，原則として下水道施設の維持管理費にふりむけられる．

d. 関 連 法 規

　下水道の計画にあたっては，下水道法，都市計画法とこれらに基づく政令，省令，条例のほか，環境基本法に基づく水質環境基準に留意しなければならない．さらに，水質汚濁防止法，廃棄物の処理及び清掃に関する法律，海洋汚染及び海上災害の防止に関する法律，大気汚染防止法，騒音規制法，振動規制法，悪臭防止法に基づく規制についても留意しなければならない．

3. 計画下水量

3.1 計画人口

a. 概　　説

　過去の人口増加の実績に基づき，都道府県総合開発計画や都市計画との調整を図って，計画目標年次における計画人口を決定する．次いで，土地利用計画による人口密度を参考として，計画人口を配分することによって，計画区域内における人口分布を定める．なお，昼間における人口の流入が著しい地域については，昼間人口を考慮する．

b. 計画人口

　少なくとも過去20年以上の人口に関する資料をもとにして，図式解法，年平均増加数による方法，年平均増加率による方法，べき曲線式による方法，ロジスティック曲線式による方法などによって，計画目標年次の人口を推定し，この推定値に各種開発計画や都市計画との調整を行って，計画人口（design population）を決定する．なお，下水道の計画目標年次（design period）は，原則として20年後とする．

c. 計画人口密度

　上水道計画においては，15～20年後の計画給水量に基づいて配水管の設計を行う．しかしながら，将来において人口密度や1人1日給水量が増加する場合には，そのときになって，補助管を増設することも行われる．下水道の場合には事情が異なる．

　また，分流式下水道では，将来汚水量が増加した場合には，そのときになって汚水管を増設することは，非常に不経済となる．そこで，管きょの設計の計画人口密度は，排水区域の飽和人口密度または20～30年先の都市計画の計画人口密度を採用するのが好ましい．処理場の計画設計では，目標年次の推定人口密度を

用い，処理場の用地の確保には，飽和に近い人口密度を用いるのがよい．
　また，合流式下水道では，汚水量は下水管きょの大きさを決定する重要な要素とはならない．
　一般に，全市の行政区域ごとの将来人口を，現在の人口や開発計画を考慮して予測し，行政区域ごとの計画人口密度を算出する．また，都市計画で定められた用途地域別に人口密度が決められている場合には，それらを参考として計画人口密度を定める．

d. 昼間人口

　観光地やビジネスセンターのように，昼間人口（daytime population）を考慮しなければならない場合には，昼間人口増の50％くらいが汚水量増加に影響すると考えてよい．たとえば，昼間人口の増加が40％であるならば，その半分の20％が汚水量に影響すると考えてよい．

3.2　計画汚水量

a. 概　　説

　汚水管の大きさは汚水量によって定まり，また，汚水量は，下水処理場の設計には最も基本的な数量である．汚水量は，計画人口，1人1日最大汚水量などをもとにして，家庭汚水量，工場排水量および地下水量に区分して定める．
　家庭汚水量の1人1日最大汚水量は，計画目標年次における，その地域の上水道計画の1人1日最大給水量を勘案して定める．計画1日最大汚水量（design maximum daily wastewater flow）は，1人1日最大汚水量に計画人口を乗じ，工場排水量，地下水量，その他の排水量を加算したものとする．計画1日平均汚水量（design average daily wastewater flow）は，計画1日最大汚水量の70〜80％を標準とする．計画時間最大汚水量（design maximum hourly wastewater flow）は，計画1日最大汚水量の1時間当りの量の1.3〜1.8倍を標準とする．

b. 1人1日最大汚水量

　家庭汚水量は，計画目標年次における，その地域の上水道計画の1人1日最大給水量が，そのまま1人1日最大汚水量に等しいと基本的に考えられる．
　上水道の給水人口別給水量の実績を示すと，表3.1のとおりである．また，主

3.2 計画汚水量

表3.1 1人1日最大給水量の実績 (l/人・d)

都市の規模（人）	1975年（昭和50）	1980年（昭和55）	1985年（昭和60）	1990年（平成2）	1997年（平成9）
100万以上	543	505	503	516	479
50～100万	474	466	480	470	428
25～50万	482	460	467	483	451
10～25万	464	437	460	474	450
5～10万	470	443	470	486	463
3～5万	442	451	467	486	476
2～3万	420	420	451	469	468
1～2万	398	417	462	489	493
5千～1万	388	424	464	499	515
5千未満	539	599	707	722	819

表3.2 各都市における1人1日給水量（1997年）

区分	都市名	給水人口（千人）	1人1日給水量（l/人・d）		
			計画最大給水量	最大給水量	平均給水量
大都市	東京都（区部）	10,883	574	484	415
	横浜市	3,346	486	433	370
	名古屋市	2,242	615	511	390
	京都市	1,447	657	585	465
	大阪市	2,589	868	712	580
	神戸市	1,418	530	467	406
	仙台市	961	601	427	367
中小都市	旭川市	325	460	399	319
	金沢市	446	766	460	388
	一宮市	253	425	397	343
	下関市	252	540	467	392
	高松市	324	566	433	385
	熊本市	634	491	440	386
町村	柴田町（宮城）	38	741	435	369
	吉川町（埼玉）	55	539	438	342
	羽村町（東京）	55	551	494	414
	丸子町（長野）	25	563	622	426
	野洲町（滋賀）	35	700	515	436
	宗像町（福岡）	67	470	310	251

要都市の上水道計画の1人1日最大給水量を示すと，表3.2のとおりである．

c. 工場排水量

一般に中小規模の工場は上水道から給水され，排水量は家庭汚水量に含まれて

いる．しかしながら，工業用水道，地下水，河川水などを使用している工場は排水量が一般に多いので，個別に排水量を調査し，将来の設備投資計画などを参考にして排水量を予測する．

d. 地下水量

下水管きょは，その材料，構造などの関係から水密性を保つことが困難である．地下水の浸入は，ほとんど管やマンホールの継手の施工の不適格なことから起こる．地下水の浸入量は，土質，地下水水位，継手などによって異なり，標準的な値を定めることはできないが，わが国では，1人1日最大汚水量の10～20％として加算する習慣がある．なお，管きょ延長1km当り11～235 m^3/d（平均70），あるいは，排水面積1ha当り5～47 m^3/d（平均19）と推定することもある．特に，分流式では，地下水が多量に浸入すると計画汚水量に対する水理的影響が大きいので，つとめてこれを防がなくてはならない．

e. 汚水量の時間的変動

給水量の時間的変化に伴って，汚水量は1日のうちで，図3.1に示すような時間的変動を示す．ピーク流量の起こる時間は，排水区域の大きさによって左右され，ピーク流量の大きさも，これによって影響される．すなわち，汚水量の時間的変動は小都市，住宅団地などで著しく，計画時間最大汚水量は，計画1日最大汚水量の1.5～1.8倍であるが，大規模の下水道では，汚水量の時間的変動が平均化されるので1.3倍程度である．計画時間最大汚水量は，管きょの断面およびポンプ場のポンプ容量を決定する基礎となる数値である．

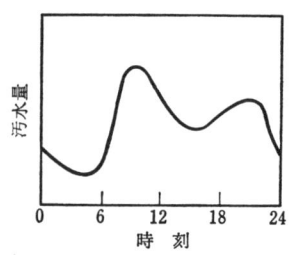

図3.1 汚水量の時間変動の例

汚水量は，日間変動のほかに年間を通じても変動する．計画1日最大汚水量は1人1日最大汚水量をもとにして算出され，処理施設の容量決定の基礎となる．

3.3 計画雨水量

雨水量は，汚水量にくらべて比較にならないほど大量である．合流式の管きょ

の大きさは，主として雨水量によって支配される．このため，合流式を採用するとき，下水道の管きょ築造費が雨水排除のための費用に大きく影響されるから，雨水量の算定は非常に重要である．過大評価すれば，築造費が過大となり，過小評価すれば，氾濫しやすくなり，下水道本来の意義が失われる．

3.3.1 降雨強度
a. 概　　　説
　下水管きょの設計に必要な雨量は，短時間継続する豪雨によるものである．降雨強度（intensity of rainfall）とは，単位時間当りの雨量をいい，1時間何mmとして示される．

　降雨強度と降雨継続時間（rainfall duration）との関係を表す式を，降雨強度公式（rainfall intensity formula）といい，図3.2に表したものを降雨強度曲線（rainfall intensity curve）という．代表的な公式としてタルボット型がある．

$$I = \frac{a}{t+b} \tag{3.1}$$

ここで，I：降雨強度（mm/h），t：降雨継続時間（min），a, b：地域により決まる定数（-）である．

b. 降雨強度曲線
　一地点における雨の強さは，ある時間中に降った雨の深さで表している．降雨強度を表すのに，その降雨量を1時間当りに換算したものを用いる．

$$I = R \times \frac{60}{t} \tag{3.2}$$

ここで，I：降雨強度（mm/h），R：降雨量（mm），t：降雨継続時間（min）である．

　たとえば，15分間に深さ12 mmの雨が降ったとすれば，その降雨強度は，

$$I = 12 \times \frac{60}{15} = 48 \, \text{mm/h}$$

となる．

　さて，一地点における降雨の状態を観察すると，次の性質を有することがわかる．

(1) 激しい豪雨ほど，時間的には永続しない．すなわち，強度の大きい雨ほど，その継続時間は短い．

(2) 強度の大きい雨ほど，その降雨の回数は少ない．

降雨の観測結果を整理して，縦軸に降雨強度 I，横軸に降雨継続時間 t をとって両者の関係をプロットし，これらの諸点のうち，同一の確率年（return period）で起こるものを滑らかな曲線で連ねると，それぞれ降雨強度曲線が得られる（図3.2）．

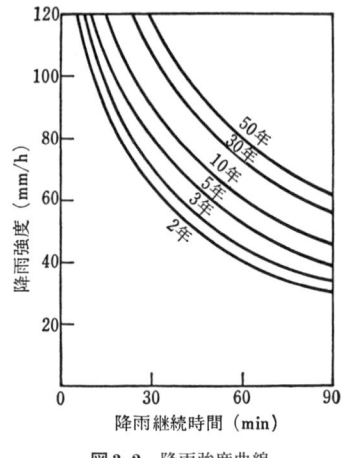

図3.2 降雨強度曲線

c. 降雨強度公式

降雨強度 I と降雨継続時間 t との関係を一般的に示す公式には，各種のものがあり，係数は観測値をもとにし，確率年を定めて最小二乗法で決める．主な公式としては，次の3つのものがある．

$$\text{タルボット (Talbot) 型} \quad I = \frac{a}{t+b} \quad (3.3)$$

$$\text{シャーマン (Sherman) 型} \quad I = \frac{a}{t^n} \quad (3.4)$$

$$\text{久野・石黒型} \quad I = \frac{a}{\sqrt{t} \pm b} \quad (3.5)$$

ここで，n：定数（−）である．下水道計画においては，確率年は5〜10年とする．

タルボット型は，Talbot教授の創案したもので，アメリカ気象庁などの降雨記録を分析した結果，ロッキー山脈以東の地域に適用できる公式として，1891年に発表されたものである．降雨強度公式として最も広く用いられており，わが国でも東京，静岡，豊橋など，雨水流出量の算定に合理式を採用している都市では，多くこの型を使用している．

[例1]

$$\text{東京} \quad I = \frac{5,000}{t+40} \quad (\text{確率年：5年})$$

$$豊橋 \quad I = \frac{4{,}500}{t+35} \quad (確率年：5年)$$

$$熊本 \quad I = \frac{5{,}385}{t+37} \quad (確率年：5年)$$

シャーマン型は，1905年にSherman教授が提案したもので，わが国においても適合度が高い．指数nは多くの場合0.3～0.6の範囲にあり，特に0.5，すなわち$\sqrt{t}$付近が多い．

〔例2〕

$$岐阜 \quad I = \frac{210}{t^{0.323}} \quad (確率年：7年)$$

久野・石黒型は，1927年に久野教授が$I = a/(\sqrt{t} - b)$として提案したものであるが，その後，石黒教授が$I = a/(\sqrt{t} + b)$が存在することを見出し，改めて$I = a/(\sqrt{t} \pm b)$として提案したものである．ある都市については，±の記号のうちのいずれか1つをとることになる．わが国の大部分の地域において，平均偏差5％以内で適合するといわれる．神戸，北九州，春日井，西宮などの都市で採用されている．

〔例3〕

$$神戸 \quad I = \frac{400}{\sqrt{t}+0.4} \quad (確率年：10年)$$

わが国の各都市で用いられた，$t = 60$ min としたときの降雨強度（min/h）は
函館 40.0, 東京 50.0, 浦和 55.5, 豊橋 47.4, 福岡 52.2,
福島 42.0, 広島 46～60, 岐阜 56.0, 神戸 48.0
であり，$I = 40～60$ mm/h が多い．

確率年の算出法としては，トーマス（Thomas）プロット法，岩井法，ハーゼンプロット法，カリフォルニアプロット法などがあるが，ここでは「下水道施設設計指針と解説」（日本下水道協会，2001年）より，トーマスプロット法について説明する．

某地の26年間の資料より，1時間降雨強度の毎年最大値を調査して，1位より順に，81, 63, 62, 60, 52, 51, 50, 50, 49, 46, …, 20を得た．確率降雨強度を求めると次式のとおりである．

$$P = \frac{J}{N+1}$$

表3.3　トーマスプロットの値と降雨強度

J	1	2	3	4	5	6	…	26
P	0.037	0.074	0.106	0.148	0.185	0.222	…	0.963
降雨強度	81	63	62	60	52	51	…	20

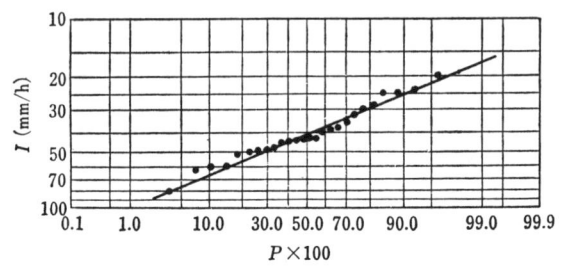

図3.3　確率降雨算定図

ここで，P：トーマスプロット（確率），J：降雨強度順位（= 1, 2, 3, …, 26），N：資料個数（= 26）である．

ゆえに，上式に J と N の値を代入して，表3.3と図3.3を得る．図3.3は，対数確率紙を用いて，表3.3の P と降雨強度の値を記入したものである．

降雨強度（I）と確率（P）との関係は，最小二乗法で算出するのが一般的であるが，水文量のデータのバラツキを考慮すると，近似的な直線を引いても大差がないようである．

これより5年確率を求めるには，5年に1年を加えて，$P = 1/(1 + 5) = 1/6 = 0.167$ に対応する傾向線上の降雨強度を求める．この例では，59 mm/h となる．

以上に示した計算例は簡便法にすぎないが，同様の方法にて，5, 10, 20, 30, 40, 50 min の確率降雨強度を求め，最小二乗法により降雨強度公式を作成することができる．

3.3.2　流達時間

a. 概　　説

雨水が，排水区域の最遠隔地点から下水管きょに流入するのに要する時間を，流入時間（time of inlet）といい，下水管きょの最上流から設計しようとする下水管きょまで流れるのに要する時間を，流下時間（time of flow）といい，この両

者の和を流達時間（time of concentration）という．

流入時間は5〜10 minくらいに定められる．

b. 流 入 時 間

流入時間は，最小単位排水区の斜面距離，こう配，粗度係数などによって変化する．幹線の場合に5 min，枝線の場合に7〜10 minとしたりするのがふつうである．こういった観点からつくられたものとして，カーベイ（Karby）式があげられる．

$$t_1 = \left(\frac{2}{3} \times 3.28 \frac{l \cdot n}{\sqrt{s}} \right)^{0.467} \tag{3.6}$$

ここで，t_1：流入時間（min），l：斜面距離（m），n：粗度係数に類似の遅滞係数（−），s：斜面こう配（−），3.28：フィートをメートルに換算した値である．$l = 100$ m，$n = 0.05$，$s = 1/100$とすれば，$t_1 = 9.0$ minとなる．

c. 流 下 時 間

流下時間は，管内平均流速で，その流下距離を除して求める．

d. 遅 滞 現 象

1つの排水区域があって，その流達時間がTであるとする．この排水区域に継続時間tの雨が降ったとき，$t < T$の場合には，この排水区域の最下流地点に対して全流域の流出はみられない．すなわち，流達時間は，流下距離が大きくなると降雨の継続時間よりも長くなり，問題の下流の断面から遠く離れた区域の降雨は遅れてその断面に到達するため，その断面での最大流量には関係しなくなる．この現象を遅滞現象（流出の遅れ）とよぶ．

下水道計画の場合には，一般には，流達時間と同じ継続時間の降雨のときに，すなわち遅滞現象の起こらない最小の降雨継続時間のときに，最大流出を与える

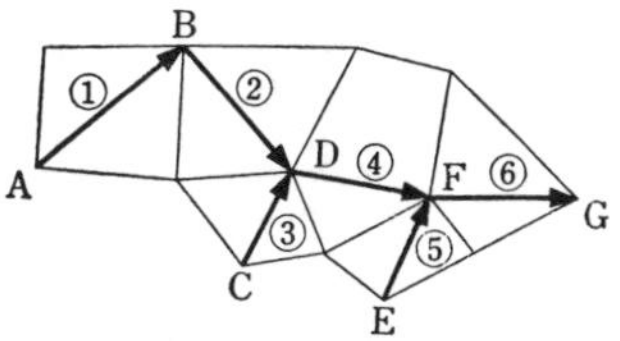

図3.4 遅滞現象

表3.4 流達時間

線名	排水面積（ha）		管きょ延長（m）		流達時間（min）
	地先	遍加	各線	最長	
①	3		204		8
②	4	7.0	239	443	12
③	2.5		162		8
④	7.5	17.0	234	677	16
⑤	2.5		183		8
⑥	3.0	22.5	213	890	20

ことが多い.

図3.4に示す排水区域において,地先区域の流入時間を5 min,管内平均流速1.0 m/sとすれば,各地点から最下流のG地点に到達するまでの流達時間は表3.4に示すとおりとなる.

継続時間 t が 20 min 以上のときは,全排水区域からの雨が同時にG地点に集まることがある.また,20 min 以下のときは,全流量の雨量が同時にG地点に流集することはない.

3.3.3 流出係数
a. 概　　説

排水区域内に降った雨は,一部は蒸発し,一部は地下に浸透して,残余が下水管きょに流入する.流達時間内の平均降雨量に対する最大雨水流出量の割合を,流出係数（runoff coefficient）とよぶ.

$$C = \frac{Q}{I \cdot A} \tag{3.7}$$

ここで,C：流出係数,Q：最大雨水流出量,I：流達時間内の平均降雨強度,A：排水面積である.

流出係数は,工種別基礎流出係数と工種構成から,総括流出係数（overall runoff coefficient）を求めることを原則とする.

b. 最大雨水流出量

河川や下水道の計画では,ピーク流量が必要である.一般に,降雨強度と雨水

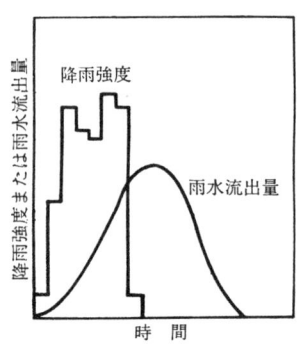

図3.5　降雨強度と雨水流出量 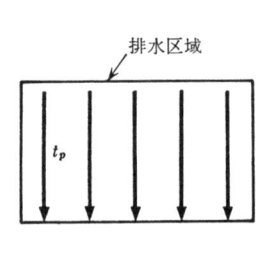　　図3.6　理想的排水区域 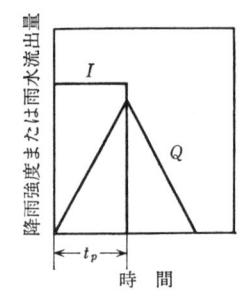　　図3.7　最下流点での雨水流出量の時間的変動

流出量は，図3.5のような時間的変動を示す．さて，図3.6に示すような一様なこう配をもった長方形の排水区域に，一様な降雨強度の雨が，流達時間に等しい時間だけ降るという，理想化された場合を考えると，最下流点における雨水流出量は図3.7のような時間的変動を示し，ピーク流量（最大雨水流出量）は，流達時間に等しい経過時間t_pに現れる．排水区域内に降った雨は，すべてが一度に流出するわけではないので，ピーク流量を求める際にも，降雨強度に補正係数を乗じたもので考えなければならない．これが流出係数であり，同じ地域に対しても，降雨の性質によってCの値は若干異なるが，下水道においては，比較的継続時間の短い，強度の大きな雨を対象とする場合が多いので，地表の工種構成によって算定したり，過去の実績を参考にして推定する場合がふつうである．

c. 総括流出係数

流出係数は，工種別基礎流出係数（表3.5）と工種構成から，次式により総括流出係数を求める．

$$C = \frac{\sum_{i=1}^{m} C_i A_i}{\sum_{i=1}^{m} A_i} \tag{3.8}$$

ここで，C：総括流出係数，C_i：i工種の基礎流出係数，A_i：i工種の総面積，m：工種の数である．表3.6に総括流出係数の標準値を示す．

流出係数の推定にあたっては，現状のみから判断してはならなく，将来の変化を見込んで定める必要がある．特に，中小都市または大都市の周辺地域で，市街地の開発過程が著しい場合は，大都市の既成市街地と異なり，流出係数は年々少

表3.5 工種別基礎流出係数標準値

工種別	流出係数
屋　　　根	0.85〜0.95
道　　　路	0.80〜0.90
その他の不透面	0.75〜0.85
水　　　面	1.00
間　　　地	0.10〜0.30
芝，樹木の多い公園	0.05〜0.25
こう配のゆるい山地	0.20〜0.40
こう配の急な山地	0.40〜0.60

（日本下水道協会，下水道施設計画・設計指針と解説）

表3.6 用途別総括流出係数標準値

敷地内に間地が非常に少ない商業地域や類似の住宅地域	0.80
浸透面の野外作業場などの間地を若干もつ工場地域や庭が若干ある住宅地域	0.65
住宅公団団地などの中層住宅団地や1戸建ての住宅の多い地域	0.50
庭園を多くもつ高級住宅地域や畑地などが割合残る郊外地域	0.35

（日本下水道協会，下水道施設計画・設計指針と解説）

しずつ変化していき，ある一定値に近づいていく．この変化の過程は，都市によって大幅に異なるので，流出係数の決定は先行投資的な考え方を必要とする．

3.3.4 合理式
a. 概説
最大計画雨水流出量の算定は，原則として合理式（rational formula）による．

$$Q = \frac{1}{360} C \cdot I \cdot A \tag{3.9}$$

ここで，Q：最大計画雨水流出量（m³/s），C：流出係数（-），I：流達時間内の平均降雨強度（mm/h），A：排水面積（ha）である．

b. 最大計画雨水流出量の算出
現在，下水道設計において，最大雨水流出量の算定に用いられる合理式は，雨水の流達時間に相当する継続時間に対応する降雨強度を，あらかじめその土地の降雨の観測から定めた降雨強度曲線，または降雨強度公式から求め，その強度の雨が，上記流達時間内に流集できる排水区域全体に一様に降るという考えに立っている．したがって，遅滞現象の起こらない最大限度で，最大流出量を算定する方法である．

降雨強度公式としては，タルボット型がよく用いられる．この場合には，次式が得られる．

$$Q = \frac{1}{360} \frac{a}{T+b} \cdot C \cdot A \tag{3.10}$$

ここで，T：流達時間（min），a, b：定数（-）である．ふつう，$a = 4,000 \sim 6,000$，$b = 40 \sim 60$，$C = 0.2 \sim 0.7$（平均 0.4）である．また，1/360 は換算係数で，

$$1 \text{ mm/h} = \frac{1}{360} \text{ m}^3/\text{ha} \cdot \text{s}$$

という関係から導かれる．

〔例題 1〕
ある排水区域で，最長管きょ延長 $l = 500$ m，排水面積 $A = 7$ ha，流入時間 $t_1 = 5$ min，流出係数 $C = 0.6$ のとき，最大計画雨水流出量を式（3.10）によっ

て求めよ．ただし，$a = 5{,}000$，$b = 40$ とする．

（解）

管きょ内の平均流速 $v = 1 \, \text{m/s}$ と仮定する．流下時間 t_2 は，

$$t_2 = \frac{1}{60\,v} = \frac{500}{60 \times 1} = 8.3 \fallingdotseq 8 \, \text{min}$$

となる．したがって，流達時間 T は，

$$T = t_1 + t_2 = 5 + 8 = 13 \, \text{min}$$

となる．

したがって，最大計画雨水流出量 Q は，式（3.10）から

$$Q = \frac{1}{360} \frac{a}{T+b} \cdot C \cdot A$$

$$= \frac{1}{360} \times \frac{5{,}000}{13+40} \times 0.6 \times 7$$

$$= 1.10 \, \text{m}^3/\text{s}$$

となる．

3.3.5 実験公式

a. 概説

最大計画雨水流出量の算定は，現在，大部分の都市では合理式によって行われるが，実験公式としてはビルクリー（Bürkli）公式が最も有名である．

$$\text{ビルクリー公式} \quad Q = R \cdot C \cdot A \sqrt[4]{\frac{S}{A}} \tag{3.11}$$

ここで，Q：最大計画雨水流出量（l/s），R：降雨強度（$l/\text{ha} \cdot \text{s}$），$C$：流出係数（$-$），$S$：地表の平均こう配（‰），$A$：排水面積（ha）である．

b. 遅滞係数

多数の実験公式が提案されている．これらは，多年にわたる観測の結果，その地方の雨量，土地のこう配などを考えてつくられたもので，その都市には適用できるが，他の都市に適用するには慎重な配慮が必要である．

ビルクリー公式は，スイスのチューリッヒ地方における雨水流出量観測をもとにしたもので，降雨量は $125 \sim 200 \, l/\text{ha} \cdot \text{s}$，すなわち $45 \sim 72 \, \text{mm/h}$ の範囲を基

準とした公式である．したがって，わが国の降雨強度，地形などがスイスと似ていることから，名古屋，福井，徳島など，これを適用する都市が多かった．なお，流出係数Cは，郊外0.30，市内0.70，平均0.50が用いられる．

ビルクリー公式に次いで用いられるものとして，マクマス（McMath）公式およびブリックス（Brix）公式がある．

$$\text{マクマス公式} \qquad Q = R \cdot C \cdot A \sqrt[5]{\frac{S}{A}} \qquad (3.12)$$

$$\text{ブリックス公式} \qquad Q = R \cdot C \cdot A \sqrt[6]{\frac{S}{A}} \qquad (3.13)$$

マクマス公式は，アメリカのセントルイスにおける観測をもとにしたもので，主としてアメリカにおいて使われている．また，ブリックス公式は，ドイツのオーフェンにおける観測をもとにして，ビルクリー公式中の4乗根を6乗根にかえたもので，熱海，大阪，京都（急峻地）などで使用されている．

実験公式中の$\sqrt[n]{S/A}$は遅滞係数とよばれる．実験公式は，降雨量を排水面積の大小にかかわらず一定としているから，遅滞係数で雨水流出量を調整することは合理的である．指数nが4，5，6と大きくなるにつれて，遅滞係数は1に近づき，流出量は大きくなる．したがって，ブリックス公式は，急峻な地形に適応するといわれる．

c. 合理式との比較

流出係数と排水面積を同一にとり，雨水流出量を算定した場合に，流達時間に等しい継続時間に対応する降雨強度を用いて計算した合理式と，実験公式とを比較すると，実験公式は，排水面積が比較的小さなものは，流出量の値が大きく出るが，ふつうの場合には小さく出る．したがって，実験公式は過小な雨水流出量を与え，合理式は過大な雨水流出量を与えるといわれるが，その地方の多年の観測によって，実際流出量を測定して検討しなければならない．最近は，降雨観測記録が各地で整備されるようになってきているので，これらの資料を整理して，その土地に見合った降雨強度公式を作成して計画を進めるのが好ましい．今後は合理式を採用すべきである．

4. 下水排除

4.1 排除方式および排水系統

4.1.1 排除方式
a. 概　　説
　下水排除（drainage）において，雨水と汚水とを，別々の管きょで導く方式を分流式（separate system）といい，同一の管きょで導く方式を合流式（combined system）という．両方式を比較すると，次のようになる．
　(1) 雨水排除のため管きょの埋設が必要な場合は，合流式が安上がりであり，一方，既設の側溝，水路などを雨水排除に利用できる場合は，分流式が安上がりである．
　(2) 合流式では，晴天時に汚物が下水管きょ内に沈殿することがあり，また，降雨の際に汚染された下水がそのまま河海に放流される．
　(3) 下水管きょの検査，修繕，掃除などが，合流式では容易である．
　公共用水域の水質保全の見地から，有利な分流式を採用する都市がふえてきた．
b. 分流式と合流式
　汚水量のために下水管きょの大きさを特に増大する必要がないので，一般には，合流式の方が建設費は安上がりである．しかしながら，坂路の多い都市，水路が縦横に通っている都市などでは，雨水排除のために必要な建設費が少なく，汚水だけを流集・処理すればよいので，分流式が安上がりとなる．
　街路の洗浄水や降雨初期の雨水が処理できる点では合流式がよいが，晴天時の計画汚水量の一定倍率（一般に 3～6 倍程度）以上になると，汚水と雨水が混合した下水が，雨水吐き室またはポンプ場から河川などに放流されることが，合流式の欠点である．さらに，合流式の下水管きょでは，晴天時の汚水量に対して十分な流速を確保することが困難なため，晴天時に汚水中の浮遊物が管きょ内に沈

表4.1 わが国の都市の下水排除方式（1998年）

行政人口規模（千人）	排除方式	合流	一部分流	分流	一部合流	計
指定都市			4		9	13
一般都市	300～1.000		2	9	40	51
	100～300	4	10	84	64	162
	50～100		4	185	32	221
	50未満		1	1,626	22	1,649
	小　計	4	17	1,904	158	2,083
事務組合等			1	34	1	36
合　計		4	22	1,938	168	2,132

殿し，その沈殿物が降雨によって掃流されて，河川などに流出する欠点もある．

わが国の都市は，田園から発達したり，デルタ地帯に発生した都市が多く，少し雨が降ると浸水するということで，雨水排除が切実な問題である都市が多かった．そのため，浸水防止を主目的として，下水道事業が実施される都市が多く，大都市を中心に合流式によって計画されたが，最近計画される中小都市は大部分が分流式となっている（表4.1）．

このように，公共水域の水質保全の見地から分流式が採用されるようになってきているが，日本の道路事情から汚水管と雨水管を併設して埋設することが困難な都市が多いので，やむをえず同一都市でも地域により，合流式と分流式を分けて採用しているところも多い．

4.1.2　配置方式
a.　概　　説
下水管きょは，排水区域の地形に応じて，ポンプ揚水をなるべく避けるように配置する．下水幹線を布設する方式は，直角式，遮集式，扇状式，平行式，および放射式の5通りである（図4.1）．

b.　方　　式
やむをえずポンプ揚水する場合にも，できるだけその揚水量と揚程を小さくするように，下水管きょ埋設によるむだな落差損失を小さくしなければならない．

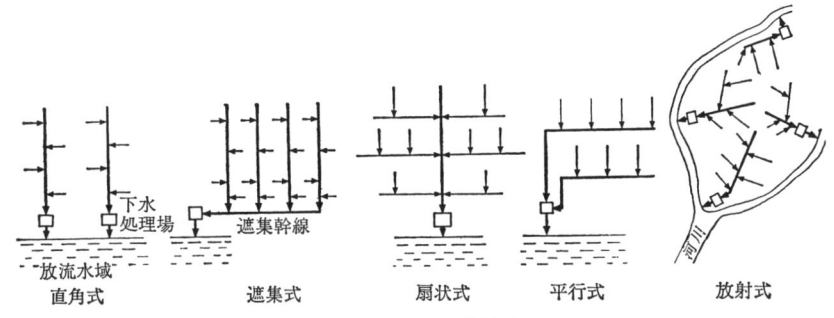

図4.1 管きょの配置方式

したがって，計画区域の地形によって次のような配置方式がある．

1）直角式（perpendicular system） 放流すべき河川などに大体直角に幾筋かの幹線を布設する．河川が都市の中心を貫流したり，海岸に沿って発展した都市で行われる．

2）遮集式（intercepting system） 河川などの岸に向かって下りる幹線を，おおむねその岸に沿って布設する遮集幹線によってさえぎり集めながら処理場に導く．合流式の幹線ではよく用いられ，ところどころで雨水吐き室より雨水を河川に吐く．直角式の発展したものである．

3）扇状式（fan system） 1本の幹線によって処理場または吐き口に導く．地形上から下水が一点に向かって集中するようなところで行われる．

4）平行式（parallel system） 高低式ともいう．高低差の相当ある都市では高区，中区，低区などに分けて，おのおの独立の幹線によって下水を排除する．

5）放射式（radial system） 市街地の中心部を起点として，放射状に外郭に向かって幹線を布設する．都市の周囲に河川があったり，中央部が高いとき用いる．

4.1.3 排水区域

a. 概　　説

計画排水区域（design drainage area）を1つの排水系統（drainage system）とすることが不経済となるときは，地形に応じていくつかの排水区に分け，さらに人口密度などによって排水区分に細分する．

b. 排水区と処理区

下水は，汚水と雨水に分けられるが，汚水排除では自然流下（gravity flow）によって処理場まで導くことが好ましい．一方，雨水排除でも自然流下によって速やかに雨水を公共用水域に排水することが重要となる．

汚水排除においては，計画区域内の地形や処理場の位置から排水系統が決められる．汚水が1つの処理場に流入する区域を処理区といい，1つの処理区には1つの処理場があることになる．1つの処理区が分水嶺や河川などの地形条件により分断されたり，自然排水区とポンプ排水区に分かれたりするときは，処理区（treatment district）を処理分区に分画する．

雨水排除においても，計画区域内の地形や雨水を放流できる河川・水路の位置に応じて排水系統が定められる．これを分水嶺や河川などによって数個の排水区に分割し，1つの排水区には1つの吐き口（雨水を公共用水域へ放流する点）があることになる．1つの排水区で土地利用が異なったりするときには，排水区（drainage district）を排水分区に分けて雨水流出量の算出をしやすくすることもある．

4.1.4 下水処理場，幹線および枝線

a. 概　　説

排水系統が定まると，まず第1に下水処理場の位置，第2に幹線ルートを決定し，最後に各枝線を幹線に対して最短距離で連絡するように選定する．このようにして，排水施設の系統図ができあがる．

b. 下水処理場

現実問題として，下水処理場（wastewater treatment plant）の位置の決定が最も重要である．臭気，有害物質，汚泥などの2次公害の心配や，付近の地価の下落とイメージダウンなどの懸念を地域住民がもちがちである．

下水処理場の位置決定の技術的条件としては，
(1) 処理区域のうち最下流地点で，下水が容易に流集できること
(2) 適当な放流水面が近くにあること
(3) 敷地面積が十分すぎるくらい広くとれること
などがあげられる．

c. 幹線および枝線

下水処理場の位置が決定すると，その地点から逆に上流に向かって幹線（trunk semer）のルートを選定していく．原則として，上流に向かって地盤高のより低い方，すなわち緩こう配で進める方向に向かって幹線ルートを選定していく．このようにして，下水処理場から最上流点まで幹線ルートが選定されるが，中途からたくさんの枝線（branch sewer）が分かれる．その枝線のうちでも，特に流域の大きいものは準幹線，これに次ぐものは主要枝線とよばれる．地盤高が低く，自然流下によって部分的に排除できない区域にはポンプ場を設ける．

幹線ルートは処理区域の中央部を通すものと簡単に考えてはならない．ふつう，幹線ルートは，河岸沿いとか海岸沿いに入る場合が多いが，特に幹線は断面が大きく，埋設深さが大きくなるので，施工上道路幅が広いルートを選定し，屈曲の多いルートは避けるのがよい（図4.2）．

d. 真空式下水道および圧力式下水道

下水の収集方式は，地形こう配に沿って自然流下が理想的であるが，平坦地や

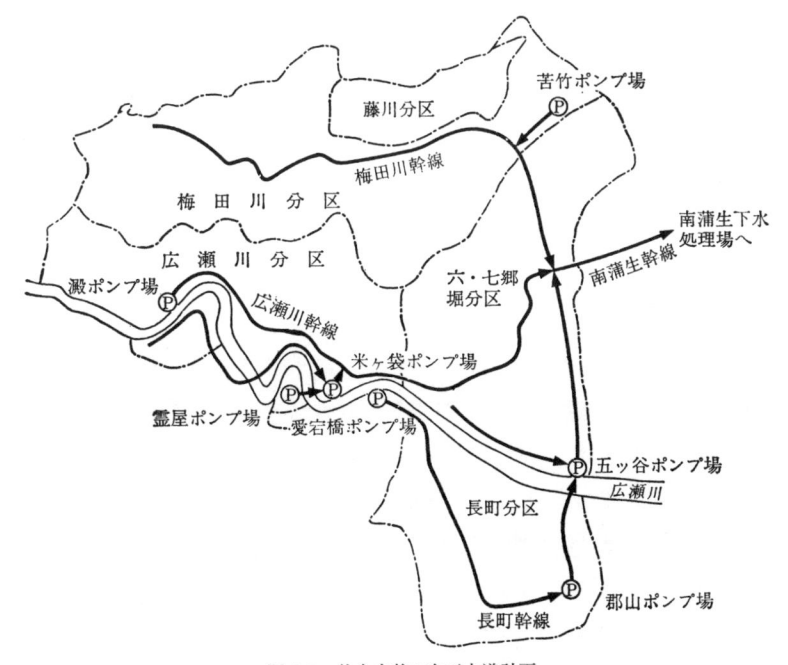

図4.2 仙台市第1次下水道計画

逆こう配の地形で汚水収集区域が小さい場合には，真空式や圧力式の下水収集方式が採用されつつある．

1）真空式下水道システム（vacuum sewer system）　家庭から排出された汚水は，自然流下で貯水槽に集められ，一定量貯蓄されると槽内に設置された真空弁が作動して，汚水と一定割合の空気で強制的に真空下水管内に吸引され，真空発生源である真空ポンプ場に輸送される．真空ポンプ場に収集した汚水は処理場または自然流下管に送られる．

2）圧力式下水道システム（pressure sewer system）　各戸または数戸単位で設置された貯水槽に自然流下で汚水を集め，一定量貯留されると槽内の水中ポンプの自動運転により，処理場または最寄りの自然流下管まで圧送するシステムである．

4.2　下水管きょの設計

4.2.1　排水区画割平面図および排水施設平面図

a.　概　　説

排水区画割平面図は，排水区の下水管きょの断面および管径決定のための計算の基礎となる管きょの負担面積を求める平面図である．また，排水施設平面図は，主として管きょおよびマンホールなどの位置，形状，寸法などを図示した設計図面で，排水区画割平面図とともに下水管きょの設計の基礎となるものである．いずれも縮尺1/2,500の平面図を一般に用いる．

b.　排水区画割平面図

排水区画割は，下水管きょが負担する排水区画を表示するもので，排水区画割の中の下水は，そこを通過する下水管きょに収容される．各管きょの受け持つ面積の基礎をなす分水線は，地勢によって定めるのが理想であるが，一般には，道路によって囲まれた平らな敷地は，道路の交角の2等分線によって面積を分け，おのおのがまわりの道路に向かって排水するものとする（図4.3）．

排水区画割が作成されると，次に各区画の面積をプラニメーター（planimeter）または三斜法（right angle method）で計算する．排水区画割の集計が排水分区面積と一致するよう，排水区画の面積を修正する（図4.4）．

4.2 下水管きょの設計

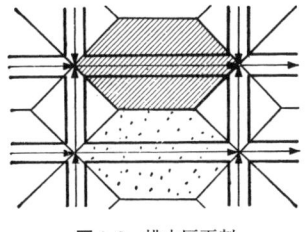

図 4.3 排水区画割

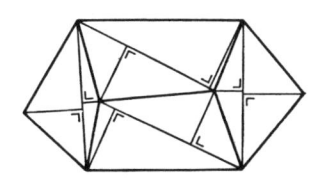

図 4.4 三斜法による排水区画面積の算出

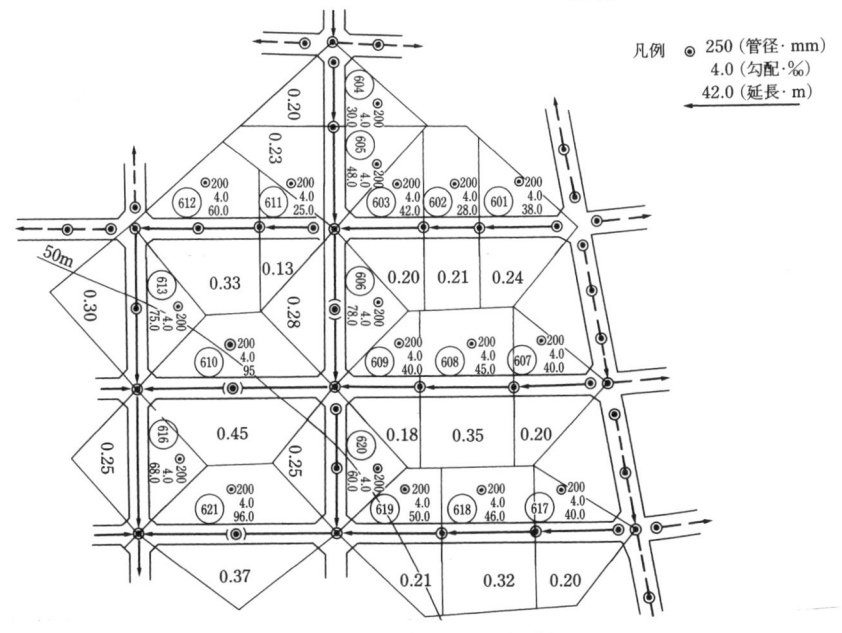

図 4.5 管きょ施設平面図（汚水）

　排水区画割平面図には管きょの位置および番号，下水の流向，排水区画およびその面積，地盤高，排水区域の境界ならびに排水区の境界などを記載する．

c. 排水施設平面図

　本図の作成にあたっては，まず，下水幹線と枝線の位置および下水の流向を記入する．

　排水施設平面図（plan）には，排水区域の境界線ならびに排水区の境界線，処理区域の境界線ならびに処理区の境界線，管きょの位置，形状，内のり寸法，こう配，区間距離および下水の流向，マンホールの位置などを記載する（図 4.5）．

4.2.2 下水管きょ縦断面図

a. 概　　説

下水管きょ縦断面図（profile）（横1/2,500，縦1/100）は，標高基準を基線にして，マンホールの位置ごとに，区間距離，起点からの追加距離，掘削深，管底高，土かぶりなどの各欄を設けて，その数値を記入する．また，下水管きょおよびマンホールの種類，番号などを併記する（図4.6）．

b. 土 か ぶ り

管きょの埋設深さは大きいほど，宅地排水に便利であり，また他の物件にも支障が少ないが，必要以上の深さは禁物である．土かぶり（covering）は1m以上とするが，ふつう1.5〜2m程度が理想的である（図4.7）．

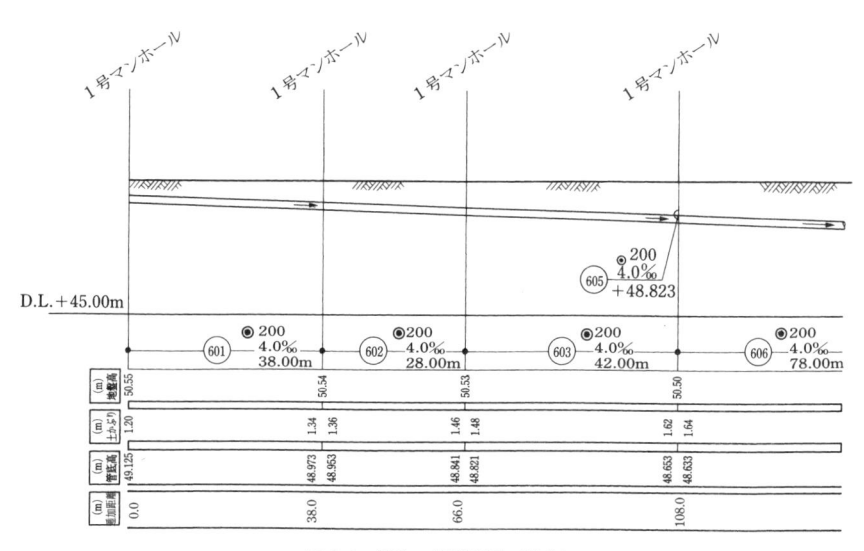

図4.6　管きょ縦断面図（汚水）

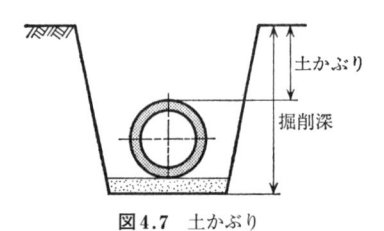

図4.7　土かぶり

地盤高，掘削深，延長などから土工量の算定ができる．掘削深は，管きょの下端からさらに掘り下げるべき深さを示している．

c. 管きょの接合

管きょの方向，こう配または管径の変化する箇所，および管きょの合流する箇所には，マンホールを設けなければならない（4.6.3マンホール，p.68参照）．

管きょの接合には，一般の場合としては，水面接合（water surface connection），管頂接合（pipe top connection），管中心接合（pipe center connection），および管底接合（pipe bottom connection）があるが，原則として水面接合または管頂接合とする．

1）水面接合　　水理学的に大体計画水面を一致させて接合するので，幹線の設計に採用されることが多い．

2）管頂接合　　管頂を合致させて接合する方法で，流水は円滑となるが，掘削深度を増して工費がかさむことになる．なお，ポンプ排水の場合，ポンプの揚程が増すので不利であるが，幹線の設計でしばしば採用される．

3）管中心接合　　管中心線を一致させて接合する方法である．水面接合と管頂接合の中間的な方法で，計画下水量に対応する水位の算出を必要としないので，水面接合に準用されることがある．

4）管底接合　　管底を合致させて接合する方法である．掘削深さを減じ，工費を減じ，ことにポンプ排水の場合に有利である．地盤が平坦な場合，上流部において動水こう配が管頂より上昇するおそれがある（図4.8）．

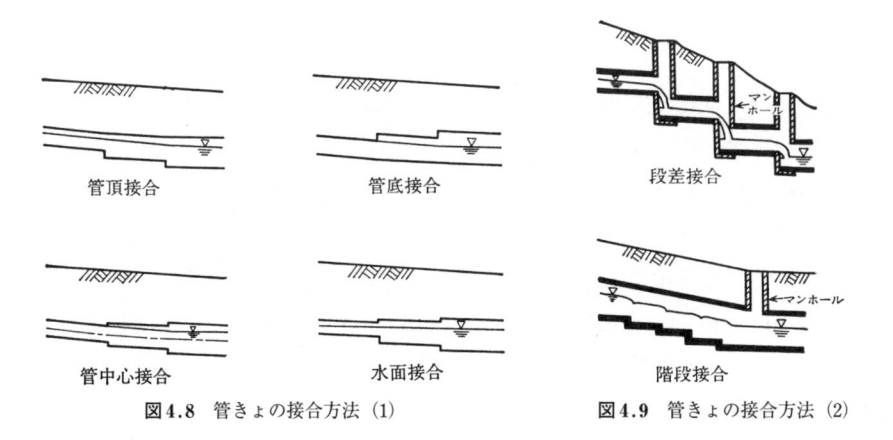

図4.8　管きょの接合方法 (1)

図4.9　管きょの接合方法 (2)

地表こう配が急な場合には，管径の変化に関係なく，流速の調整と必要最小限度の土かぶりを確保するため，地表こう配に応じて適当な間隔にマンホールを設けて，段差接合（drop connection）または階段接合（step connection）とする（図4.9）．

4.2.3 流量計算と形状・こう配の決定

a. 概　　説

排水区域とそれを受け持つ下水管きょの配置が決定し，雨量から雨水流出量，人口密度から汚水量が決まれば，下水管きょ各部における下水流量が計算でき，これに基づいて下水管きょの形状，こう配が決定される．

原則として，流速は下流に行くに従って漸増させ，こう配は下流に行くに従って次第に小さくなるようにするのが好ましい．計画下水量に対して，最小流速は汚水管きょで 0.6 m/s，雨水管きょおよび合流管きょで 0.8 m/s，最大流速はいずれの場合にも 3.0 m/s とする．

最小管径は，汚水管きょでは 200 mm を標準とし，局所的な下水量の増加が将来にわたって見込まれない場合には 150 mm とする．雨水管きょおよび合流管きょの最小管径は，250 mm を標準とする．

b. 計　算　手　順

下水管きょの断面，こう配，土かぶりなどを決定するために，表4.2に示すような管きょ流量計算表を使用する．たとえば，分流管きょの流量計算では，排水施設平面図，排水区画割平面図などを参照して，まず下記の（1）の事項を記載し，次に下水管きょの流出量を求めるため，下記の（2）の計算を行う．

(1) 管番号，各線の排水面積，各線の延長，ha 当り汚水量，地盤高．
(2) 逓加排水面積，管きょの最長延長，汚水量．

以上の計算操作で最大水量が求まり，この最大水量を遅滞なく排除できるように，下水管きょの断面とこう配を決定し，次に土かぶり，管底高の計算を行う．雨水管きょの計算は ha 当りの雨水量を用いて同様に計算する．

流量の単位は m^3/s，流速の単位は m/s を用いるが，流量については 1 m^3/s 以上のときは小数点以下 2 桁まで，1 m^3/s 以下のときは小数点以下 3 桁まで有効数字で表し，流速については，小数点以下 2 桁まで有効数字で表せば十分である．

4.2 下水管きょの設計

表 4.2 管きょ流量計算表（汚水）

管番号	面積 各線 (ha)	面積 逓加 (ha)	延長 各線 (m)	延長 最長 (m)	最大水量 汚水量 (m³/s)	最大水量 その他水量 (m³/s)	最大水量 総水量 (m³/s)	下水管きょ 断面 (mm)	下水管きょ こう配 (‰)	下水管きょ 流速 (m/s)	下水管きょ 流量 (m³/s)	管底高 終点 (±m)	管底高 起点 (±m)	地盤高（ ）内は終点その他を示す 終点 (±m)	土かぶり起点（終点）(m)	摘要
601	0.24		38		0.001	0.0	0.001	200	4.0	0.66	0.021	49.125	48.973	50.55 (50.54)	1.20 (1.34)	新設線路
602	0.21	0.45	28	66	0.001	0.0	0.001	200	4.0	0.66	0.021	48.953	48.841	50.54 (50.53)	1.36 (1.46)	新設線路
603	0.20	0.65	42	108	0.001	0.0	0.001	200	4.0	0.66	0.021	48.821	48.653	50.53 (50.50)	1.48 (1.62)	新設線路
604	0.20		30		0.001	0.0	0.001	200	4.0	0.66	0.021	49.155	49.035	50.58 (50.55)	1.20 (1.29)	新設線路
605	0.23	0.43	48	78	0.001	0.0	0.001	200	4.0	0.66	0.021	49.015	48.823	50.55 (50.50)	1.31 (1.45)	新設線路
606	0.28	1.36	78	186	0.001	0.0	0.001	200	4.0	0.66	0.021	48.633	48.301	50.50 (50.12)	1.64 (1.59)	新設線路

（注）管内平均流速：1.5 m/s，ha当りの汚水量：0.0005 m³/s·ha．

下水管きょの設計計算には，流量計算表を利用すると便利である（表4.2）．

近年，流量計算および管きょ縦断面図は，電算機による自動設計・製図により作成されている．

c. 最小流速

下水管きょ内に各種の浮遊物が沈殿すると，その中の有機物が腐敗し，メタンガスや硫化水素が発生し，下水処理場に流入する汚水が腐敗性をおび，下水処理が不利となる．さらに，管きょ内の作業が困難となるだけでなく，爆発の危険性もあり，また管きょ内が閉塞して下水の流下に支障を与えることになる．そこで，管きょ内でこのようなことが起こらないように，最小流速が定められている．

等流状態の管きょで，流積を A，潤辺を P，水面こう配を I，潤辺におけるせん断応力を τ_0 とすると，図4.10に示す力の釣合いによって，$w\,(=\rho g)$ を水の比重量（ρ：水の密度），$R\,(=A/P)$ を径深とすれば，I が小さいときは，着目水体の重さは，

$$wAl$$

となり，底面に平行な方向の力成分は，

$$wAlI$$

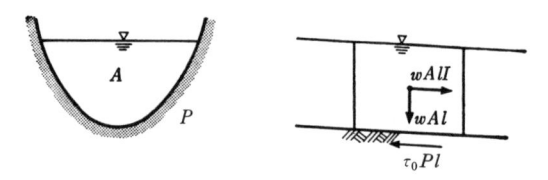

図4.10 掃流力

となる．潤辺に働く摩擦力は，

$$\tau_0 Pl$$

となり，力の釣合いを考えると，

$$wAlI = \tau_0 Pl$$

$$\therefore \tau_0 = w\frac{A}{P}I = wRI = \rho gRI \tag{4.1}$$

を得る．したがって，流れは潤辺に対して，単位面積当り，

$$\tau_0 = wRI$$

という掃流力（tractive force）を，流れの方向に及ぼすことがわかる．

マニング（Manning）の式から

$$v = \frac{1}{n}R^{2/3}I^{1/2} \tag{4.2}$$

ここで，v：平均流速，n：粗度係数である．これを式(4.1)に代入すると，

$$\tau_0 = \rho gRI = \frac{\rho g v^2 n^2}{R^{1/3}} \tag{4.3}$$

となる．

ある粒子が水の掃流力に抵抗する力は，その粒子の表面積当りの水中での重量である．すなわち，

$$g(\rho_s - \rho)\frac{V}{A} \tag{4.4}$$

ここで，ρ_s：粒子の密度，ρ：水の密度，V：粒子の体積，A：粒子の表面積である．式(4.1)および式(4.4)を等置して得られる次式が成立するときの流速vが，その粒子に対する限界流速となる．

$$\rho gRI = g(\rho_s - \rho)\frac{V}{A}$$

マニングの式で表すと，

$$v = \frac{R^{1/6}}{n}\sqrt{\frac{V}{A}\left(\frac{\rho_s - \rho}{\rho}\right)}$$

V/A は粒子の形状係数といわれるもので，これを変形すると式（4.5）を得る．

$$\frac{V}{A} = Kd$$

ここで，d：粒子径である．

$$v = \frac{R^{1/6}}{n}\sqrt{Kd\frac{\rho_s - \rho}{\rho}} \tag{4.5}$$

K はふつう $0.03 \sim 0.06$ で，平均 0.05 である．上式で $n = 0.013$，$R = 0.05$，$\rho_s = 2.65$ とすると，0.6 m/s および 0.8 m/s の流速は，それぞれ約 2 mm および 3 mm の粗砂を運ぶのに必要な流速であることがわかる．

〔**例題 1**〕
内径 $1,200$ mm のコンクリート製円形管が満管流である場合，流速 2 m/s のときの掃流力はいくらか．

（解）

$$\text{径深}\quad R = \frac{A}{P} = \frac{\pi r^2}{2\pi r} = \frac{r}{2} = \frac{1.2}{2 \times 2} = 0.3 \text{ m}$$

$$\text{比重量}\quad w = \rho g = 1,000 \text{ kg/m}^3$$

$$\text{流速}\quad v = 2 \text{ m/s}$$

$$\text{粗度係数}\, n = 0.013 \text{（コンクリート）}$$

式（4.3）にこれらの値を代入すると

$$\tau_0 = \frac{\rho g v^2 n^2}{R^{1/3}}$$

$$= \frac{1,000 \times 2^2 (0.013)^2}{(0.3)^{1/3}}$$

$$= 1.01 \text{ kg/m}^2$$

d. 最大流速

流速を過大にすると，下水に含まれる土砂によって管きょ内部を損傷させるおそれがあり，さらに雨水管きょや合流管きょでは，雨水流出量が短時間に流集し

て，雨水を管きょなどがのみこむことができなくなり，浸水の危険も発生する場合もある．このため，ある限度に流速を抑える必要がある．

e. こう配

こう配は下流ほどゆるやかにする．つまり，下流ほど下水量は増加し，管きょは大きくなるので，こう配がゆるやかになっても，流速を大きくすることができる．

管径に応じた適当なこう配の大きさは，表4.3によって与えられる．

表4.3 管径に応じた適当なこう配

管 径 (mm)	こう配 (‰)
250～300	10～30
350～600	5～10
700～1,000	3～5
1,100～1,800	2～3
＞1,800	1

また，最小こう配を与える式として次式がある．

$$s = \frac{100}{2d+50} \tag{4.6}$$

ここで，s：最小こう配（％），d：管径（cm）である．

〔例1〕

$$d = 250 \text{ mm} = 25 \text{ cm}$$

$$s = \frac{100}{2 \times 25 + 50} = 1\% = 10‰$$

f. 最小管径

排水面積が小さくなると計画下水量も少なくなり，必要な管径も非常に小さくても済むことになるが，あまり小さいと，排水設備の取付けや維持作業に不便を生ずるので，経験上，最小管径に制限を与えている．

4.3 水理計算

4.3.1 管きょの流量

a. 概 説

マニング（Manning）の式

$$Q = A \cdot v \tag{4.7}$$

$$v = \frac{1}{n} \cdot R^{2/3} \cdot I^{1/2} \tag{4.8}$$

ここで，Q：流量(m^3/s)，A：流水の断面積(m^2)，v：流速(m/s)，n：粗度係数（= 0.015），R：径深（A/P）(m)，P：流水の潤辺長（m），I：こう配（－）である．

クッター (Kutter) の式

$$Q = A \cdot v$$

$$v = \frac{23 + 1/n + 0.00155/I}{1 + (23 + 0.00155/I)(n/\sqrt{R})} \cdot \sqrt{R \cdot I}$$

$$= \frac{N \cdot R}{\sqrt{R} + D} \tag{4.9}$$

ここで，n：粗度係数（= 0.013），N：$(23 + 1/n + 0.00155/I)\sqrt{I}$，$D$：$(23 + 0.00155/I)\,n$である．

b. マニングの式

流量，こう配および断面に変化のない管きょの流れは等流となる．この流れがある流速をもつとき，管きょ内の摩擦損失水頭は次式で表される．

$$h_L = \frac{f}{4} \cdot \frac{l}{R} \cdot \frac{v^2}{2g} \tag{4.10}$$

ここで，h_L：摩擦損失水頭，f：流体の摩擦抵抗，l：管きょの長さ，R：径深，v：平均流速，g：重力加速度である．

式（4.10）で

$$I = \frac{h_L}{l}$$

とおくと，次式を得る．

$$v = \sqrt{\frac{8g}{f}} \cdot \sqrt{R \cdot I}$$

ここで，I：水面こう配である．

シェジー (Chézy) は，$\sqrt{8g/f}$ を一定値として C とおき，平均流速公式 (velocity formula) を次式で表した．

$$v = C\sqrt{R \cdot I} \tag{4.11}$$

マニング (Manning) は，流速係数 C を径深 R と潤辺特性だけの関数と仮定して，流速公式の基本形を

$$v = M \cdot R^{\alpha} \cdot I^{1/2}$$

とし，ダルシー（Darcy）とバザン（Bazin）の行った実験に基づいて，

$$\alpha = 2/3$$

と決定した．さらに，Mの逆数はクッター（Kutter）によって決定されたnの値に相当接近していることを発見し，次式を提案した．

$$v = \frac{1}{n} \cdot R^{2/3} \cdot I^{1/2}$$

マニングの式は最も広く用いられており，多くの場合nの値を適切に決定すると，かなりよく合うと考えられている．

c. クッターの式

この式はクッター（Kutter）が，ガンギレー（Ganguillet）の指導の下に研究完成したものである．

クッターはシェジー型公式の流速係数Cが，次のような性質をもつべきであるとした．

(1) 潤辺の性質によって変化し，粗度が増加するほど減少する．
(2) 径深によって変化し，その増大につれて増加する．
(3) 水面こう配によって変化し，水深が大きければ，こう配の増加するほど減少し，水深が小さければ，こう配が増加するほど増加する．

これらの考慮によってクッターの式が導かれた．この式は多年にわたって，平均流速公式として広く使われている．ガンギレー・クッター（Ganguillet-Kutter）の式ともよばれる．

4.3.2 水理特性曲線

a. 概　　説

下水管きょでは，最大流速は満管のときよりやや小さい水深のとき生ずる．しかし，安全を見込んで，円形管は満流，矩形きょでは内のりの9割，馬てい形きょでは8割の水深に応ずる流量で設計する．

ある断面形において，満管流量，満管流速などに対する，各水深に応ずる流量，流速などを図示したものを，水理特性曲線(hydraulic characteristic curve)という．

b. 円 形 管

半径 r, 直径 d の円形管において, 水深が H および d (満管) のときの, 水深, 流積, 潤辺および径深は表4.4に示すようにする (図4.11).

表4.4 円形管の径深など

	一般の場合	満管の場合
水深	$H = r\left(1 - \cos\dfrac{\varphi}{2}\right)$	$H_0 = d$
流積	$A = \dfrac{1}{2}r^2(\varphi - \sin\varphi)$	$A_0 = \pi r^2$
潤辺	$P = r\varphi$	$P_0 = 2\pi r$
径深	$R = \dfrac{r(\varphi - \sin\varphi)}{2\varphi}$	$R_0 = \dfrac{r}{2}$

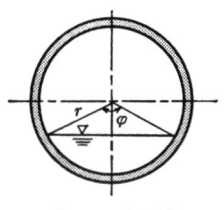

図4.11 円形管

したがって, 次の関係が得られる.

$$\frac{P}{P_0} = \frac{\varphi}{2\pi} \tag{4.12}$$

$$\frac{A}{A_0} = \frac{\varphi - \sin\varphi}{2\pi} \tag{4.13}$$

$$\frac{R}{R_0} = \frac{\varphi - \sin\varphi}{\varphi} \tag{4.14}$$

マニングの式から,

$$v = \frac{1}{n}R^{2/3}I^{1/2} = \frac{1}{n}R^{1/6}\sqrt{RI}$$

となる. したがって, シェジーの式の流速係数は,

$$C = \frac{1}{n}R^{1/6}$$

となる. 粗度係数 n が一定であるとすれば,

$$\frac{C}{C_0} = \sqrt[6]{\frac{R}{R_0}} \tag{4.15}$$

$$\frac{v}{v_0} = \frac{C}{C_0} = \sqrt{\frac{R}{R_0}} \tag{4.16}$$

$$\frac{Q}{Q_0} = \frac{v}{v_0} \cdot \frac{A}{A_0} \tag{4.17}$$

となる.ただし,満管のときの値を添字0をつけて示してある.

これらの関係を用いて水理特性曲線が描ける.円形管に対する水理特性曲線を図4.12に示した.

〔例題2〕
内径1,800 mmの遠心力鉄筋コンクリート管が,1‰のこう配で布設されている.満管およ水深600 mmのときの流速および流量を求めよ.

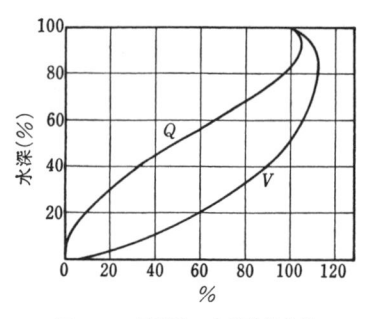

図4.12 円形管の水理特性曲線

(解)
(1) 満管流の場合:
$$A = (1.8)^2 \times \frac{\pi}{4} = 2.54 \text{ m}^2$$
$$n = 0.015$$
$$I = 0.001$$
$$R = 0.25 D = 0.25 \times 1.8 = 0.45 \text{ m}$$
$$v = \frac{1}{n}R^{2/3}I^{1/2} = \frac{1}{0.015} \times (0.45)^{2/3} \times (0.001)^{1/2}$$
$$= 1.24 \text{ m/s}$$
$$Q = Av = 2.54 \times 1.24 = 3.15 \text{ m}^3/\text{s}$$

(2) 水深600 mmの場合: 水理特性曲線より(図4.12),
$$\frac{H}{D} = \frac{600}{1,800} = 0.333$$
$$\frac{Q}{Q_0} = 0.24$$
$$\frac{V}{V_0} = 0.82$$

であるから,
$$Q = 0.24\, Q_0 = 0.24 \times 3.15 = 0.76 \text{ m}^3/\text{s}$$
$$V = 0.82\, V_0 = 0.82 \times 1.24 = 1.02 \text{ m/s}$$

4.3.3 量　水
a. 概　説
下水の流量測定には，できるだけ簡単で故障の少ないことが必要であり，設置箇所や流量などを勘案して，開きょでは四角ぜき，三角ぜきおよびパーシャルフリュームなど，管路ではベンチュリメーターおよび電磁流量計などが用いられる．

b. 四角ぜきおよび三角ぜき
刃形ぜきのうち，下水の量水によく用いられるものとして，四角ぜきおよび三角ぜきがある．

四角ぜきの流量式
$$Q = C \cdot b \cdot h^{3/2} \tag{4.18}$$

$$C = 1.785 + \frac{0.0295}{h} + 0.237\frac{h}{D} - 0.428\sqrt{\frac{(B-b)h}{BD}} + 0.034\sqrt{\frac{B}{D}} \tag{4.19}$$

ここで，Q：流量（m³/s），C：流量係数（−），b：切欠きの幅（m），h：越流水深（m），D：水路底面からせき縁までの高さ（m），B：せきの幅（m）である．この式は板谷・手島の式とよばれる．適用範囲は，

$$0.5\,\mathrm{m} \leqq B \leqq 6.3\,\mathrm{m}$$
$$0.15\,\mathrm{m} \leqq b \leqq 5\,\mathrm{m}$$
$$0.15\,\mathrm{m} \leqq D \leqq 3.5\,\mathrm{m}$$
$$bD/B^2 \geqq 0.06$$
$$0.03\,\mathrm{m} \leqq h \leqq 0.45\sqrt{b}\,\mathrm{m}$$

であり，誤差は±1.5％である（図4.13）．

直角三角ぜきの流量式

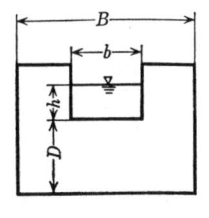

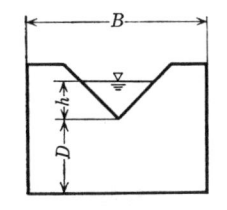

図4.13　四角ぜき　　　　図4.14　直角三角ぜき

$$Q = Ch^{5/2} \tag{4.20}$$

$$C = 1.350 + \left(\frac{0.004}{h}\right) + \left(0.14 + \frac{0.2}{\sqrt{D}}\right)\left(\frac{h}{B} - 0.09\right)^2 \tag{4.21}$$

この式は沼知・黒川・淵沢の式とよばれる．適用範囲は，

$$0.5\,\mathrm{m} \leqq B \leqq 1.2\,\mathrm{m}$$
$$0.1\,\mathrm{m} \leqq D \leqq 0.75\,\mathrm{m}$$
$$0.07\,\mathrm{m} \leqq h \leqq 0.26\,\mathrm{m}$$
$$h \leqq B/3$$

であり，誤差は±1.4％である（図4.14）．

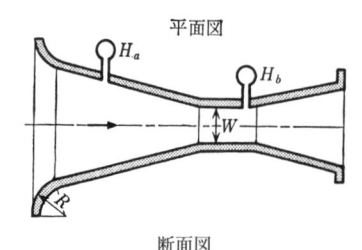

c. パーシャルフリューム

パーシャルフリューム（Parshall flume）は，1915年にコーン（Cone）によってアメリカのコロラドの農業試験所で考案製作されたもので，その後，パーシャル（Parshall）が各種水路について実験・開発を行ったものである（図4.15）．このパーシャルフリュームは下水道用の量水器としてよく用いられている．

その特徴は，① 下水中の浮遊物質などによる閉塞の心配が少なく，測定が円滑に行われる，② 測定範囲が比較的広い，③ 金属・コンクリート・木製などによる加工ができる，などである．

流量式を表4.5に示す．

ここで，Q：流量（ft^3/sまたはl/s），W：フリュームの幅（ftまたはcm），H_a：上流側の水頭（ftまたはcm）である．

図4.15 パーシャルフリューム

表4.5 パーシャルフリュームの流量式

W		Q	
ft	cm	ft^3/s	l/s
1/12	2.54	$0.338\,H_a^{1.55}$	$0.048\,H_a^{1.55}$
2/12	5.08	$0.676\,H_a^{1.55}$	$0.096\,H_a^{1.55}$
1/4	7.62	$0.992\,H_a^{1.55}$	$0.141\,H_a^{1.55}$
1/2	15.24	$2.06\,H_a^{1.58}$	$0.264\,H_a^{1.58}$
3/4	22.86	$3.07\,H_a^{1.53}$	$0.466\,H_a^{1.53}$
1〜8	30.48〜243.84	$4\,WH_a^{1.522W^{0.026}}$	$\dfrac{3.716}{116.6^{W^{0.026}}}WH_a^{1.39W^{0.026}}$

すなわち，$W = 1 \sim 8$ ft の場合には，自由流出（free-flow）あるいは下流側の水頭（H_b）が上流側の水頭（H_a）の70％を超えないときのもぐり流出の場合においては，流量は次の実験式でかなりよく近似できる．

表4.6 もぐり流出となる場合

W (ft)	H_a/H_b
1/12 〜 1/6	0.5 以上
1/3 〜 1/2	0.6 以上
1 〜 8	0.7 以上
8 〜 50	0.8 以上

$$Q = 4\,WH_a^{1.522W^{0.026}} \tag{4.22}$$

パーシャルフリュームがもぐり流出となるのは，一般に H_a/H_b の比が，表4.6の値になるときである．

d. ベンチュリメーター

ベンチュリメーター（Venturi meter）の流量式

$$Q = C\sqrt{h} \tag{4.23}$$

ここで，Q：流量（m³/s），h：上流部Aと咽喉部Cにおける圧力水頭の差（m），C：流量係数 $= \mu a_1 a_2 \sqrt{2g/(d_1^2 - d_2^2)}$，$\mu$：係数 $= 0.95 \sim 1.00$（d, l, v によって異なる），a_1：Aにおける断面積（m²），a_2：Cにおける断面積（m²），d_1：Aにおける内径（m），d_2：Cにおける内径（m），l：ベンチュリメーターの長さ（m），v：Aにおける流速（m/s）である．

ベンチュリ（Venturi）がベルヌーイ（Bernouille）の定理から導いたもので，実際の装置はハーシェル（Herschel）が発明した．h を微圧計（differential manometer）で拡大して求めて，流量を知る（図4.16）．

e. 電磁流量計

電磁流量計（electromagnetic flowmeter）は「磁界内を導体がよぎると導体の両端に起電力を誘起する」というファラデー（Faraday）の電磁誘導の法則に基づいて流量を測定するものである．下水管にコイルを巻き励磁電流を流して磁界をつくり，流体に直接接するように管内に入れた電極から起電力を取り出し，流量に変換する（図4.17）．

起電力の大きさは次式によって示され，起電力 E は磁束密度 B が一定であれば，平均流速や流量に比例する．

$$E = kBDv$$

ここで，E：起電力（V），B：磁束密度（T），D：管の内径（m），v：流体平均流速（m/s），k：定数である．

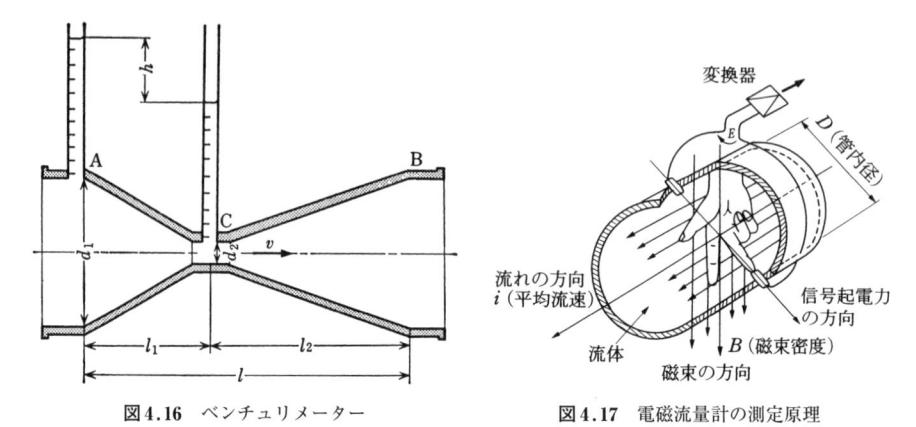

図4.16 ベンチュリメーター　　　図4.17 電磁流量計の測定原理

その特徴は，次のとおりである．
(1) 管内を流れる下水の流量を直接測定できる．
(2) 管内に挿入物がないため圧力損失がほとんどない．
(3) 流量に比例して起電力が得られるため，応答が速く測定範囲も広い．

4.4 下水管きょ

4.4.1 形　　状

a. 概　　説

　下水管きょ（sewer）の形状は，① 水理学上有利なこと，② 荷重に対して経済的なこと，③ 築造が容易なこと，④ 維持管理上，経済的なこと，⑤ 築造場所の状況に適応していること，などの諸点を考慮して決めることが必要である．
　一般に円形管（pipe）を使用する．また，築造場所の状況に応じて，長方形きょ（rectangular conduct）または馬てい形きょ（horseshoe conduct）を使用するが，小口径の管きょで，卵形管（egg-shaped sewer）の採用も多くなってきた．

b. 円　形　管

　水理学上有利なこと，内径3,000 m 程度まで工場製品を使用できるので工期が短くて済むこと，力学上の計算が簡単なことなどが，利点としてあげられる．一方，欠点としては，特に地盤の強度が低いとき安全に支持するために，別に適当な基礎工を必要とすること，工場製品を使用するため，継手が多くなり地下水の

浸入量が多くなることなどがあげられる．

c. 長方形きょ

築造場所の土かぶり，幅員に制限を受ける場合有利で，工場製品もあること，力学上の計算が簡単なこと，満流になるまでは水理学上有利なことなどの利点がある．しかし，鉄筋が侵されたとき，上部荷重に対して強度的に円形管より不安なこと，満流になったとき上流部でいっ水する危険のあること，現場打ちの場合は工期が長くなることなどが欠点である．

底面には，幅の1～2倍程度の曲率半径をもったインバートをつけるのがよい．矩形きょともいう．

d. 卵形管

合流式下水道において，晴天時下水量が少量で汚物が沈殿するおそれのある場合，あるいは下水管きょの大きさが将来のためにも布設されていて，現在では必要以上に大きい場合には，流量が変化しても径深がなるべく一定なのがよい．卵形管は，約1/3満水以下の場合，円形管にくらべて水深，流速などが大きく有利である．このように，卵形管は，円形管とくらべて水理学的に有利であるが，鉄筋コンクリート製

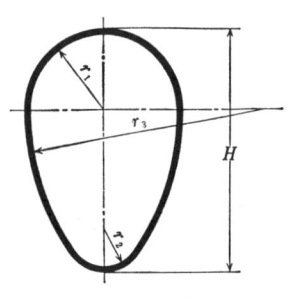

図4.18 卵形管

の場合は工費が高くなるので，わが国ではほとんど用いられていなかった（図4.18）．

しかしながら，硬質塩化ビニル製のものが製造されるようになり，現在は広く用いられている．内面が滑らかで摩擦係数が小さいので，少流量，低こう配で掃流性がすぐれており，また円形管とくらべて同一こう配で流速が大きいため掘削深度を小さくでき，かつ重量が軽くて施工が容易であるなどのメリットを有している．呼び径150～350 mmのものが使用される．

e. 馬てい形きょ

一般に，上部は半円形のアーチとし，側壁は直線または曲線で内側に曲げるか垂直にする．アーチを利用しているので鉄筋量が少なくて済む．また，外圧に対して非常に強く，大口径の場合，経済的で，水理学上も有利である．しかし，現

場打ちなので工期が長くなり，施工が比較的むずかしい欠点をもつ．

底面には，矩形きょの場合と同様のインバートをつけるのがよい．

4.4.2 材料

a. 概説

下水管きょは，内圧（水圧）に対する危険はないが，相当の外圧に耐えること，腐食や摩擦に強いこと，および安価なことが必要である．陶管，鉄筋コンクリート管，遠心力鉄筋コンクリート管，塩化ビニル管，硬質塩化ビニル管および現場打ち鉄筋コンクリート管きょなどが用いられる．

b. 陶管

陶管には，並管，厚管および特厚管の3種類があるが，下水管としては原則として厚管を使用する．陶管は重量が軽く，施工が容易で，耐酸・耐アルカリ性に富み，異形管の製造が容易で，価格も比較的低廉であるが，衝撃に弱く，破損しやすい欠点がある．600 mm 以下の管に用いられている．

直管は JIS R 1201，異形管は日本下水道協会（JSWAS R-1）で規格が定められている．

c. 鉄筋コンクリート管

振動機を用いて，コンクリートを締め固めてつくったもので，手詰め管とよばれる．最近，塩化ビニル管や遠心力鉄筋コンクリート管におされて，従前のように広く採用されなくなった．

2,000 mm まで，JIS A 5302 で規格が定められている．

d. 遠心力鉄筋コンクリート管（ヒューム管）

型枠は外枠だけとし，鉄筋をかご状に組んで入れ，高速回転させて，内部に投入したコンクリートを，遠心力を利用して締め固めるので，水セメント比が小さく，ち密で強度の高いコンクリートができ，管の外圧強度が高く，内面のなめらかな管が製作できる．

通称ヒューム管（Hume pipe）とよばれ，普通管，圧力管および高外圧管の3種類があるが，下水管としては大部分が普通管である．

3,000 mm まで JIS A 5303 で規格が定められている．

e. 硬質塩化ビニル管

軽量であることから，継手部分も含め施工が容易で，工期が短くて済む．熱や有機溶剤に対する弱点や強度も次第に改善されてきているので，今後利用される場合が増えるであろうが，管径が大きくなると，強度的に弱くなるので，荷重に対する防護工が必要となる．

JIS K 6741 で規格が定められている．

f. ダクタイル鋳鉄管

ダクタイル鋳鉄管は耐食性にすぐれ，強じんであるため，水道管やガス管に広く用いられている．下水管では耐酸性を高めるため，モルタルライニングの上にタールエポキシ樹脂塗装を行う．主に，下水や汚泥の圧送管として用いる．

2,600 mm まで日本下水道協会（JSWAS G-1）で規格が定められている．

4.4.3 継　　手

一般に採用されている継手（joint）は，次の3種類である（図4.19）．

（1）ソケット継手：　陶管，鉄筋コンクリート管，ヒューム管などに広く用いられる．施工が容易であり，ゴムリングを使用する場合は，湧水の排水が困難なところでも施工が可能である．

（2）いんろう継手：　中口径および大口径の管に採用され，湧水の排水が困難なところでも施工が可能である．

（3）カラー継手：　継手の強度が高いが，特に湧水の排水が困難なところでは施工が困難である．主として，遠心力鉄筋コンクリート管に用いられるが，最近は従前のように採用されなくなった．

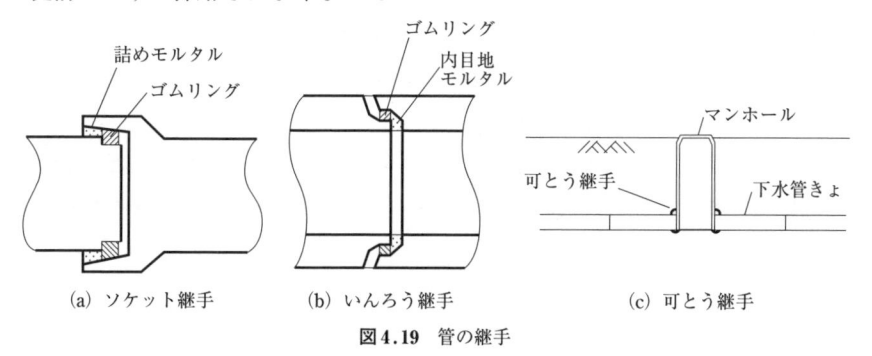

図 4.19　管の継手

以上，継手には，硬質塩化ビニル管のように接着剤を使用するもの，ゴムリングを使用するもの，さらに目地にモルタルを充填するものがある．

　管の継手部分およびマンホールと管との継手部分からの地下水の浸入は，最小限度に抑える必要がある．最近，分流式が普及するにつれて下水管の埋設深が大きくなり，地下水位以下に下水管が埋設される場合が多く，地下水の流入の危険性が増大しているので，継手の施工は十分に注意しなくてはならない．汚水管は一般に流水断面が小さいので，地下水が浸入すると水理的に余裕がなくなることと，下水処理場で地下水浸入量だけ余分に下水を処理しなくてはならない危険が生ずる．

　軟弱地盤のところでは，管きょとマンホールの接続部分において不等沈下などで管の損傷を起こすことが多い．必要に応じて管の伸縮，振動を吸収する可とう継手を用いるとよい．

4.4.4 基　礎　工
a. 概　　説

　地盤が良好で，荷重条件がゆるやかな場合には，基礎工（foundation）を省くことができる．

　地盤が比較的良好な場合，管きょのこう配の保持と継手の施工を容易にするため，砂基礎が用いられる．地盤が不良な場合には，地耐力を補うため，はしご胴木，くい打ち基礎などが用いられる．管きょの耐荷力を補うためには，砂利（砂石）基礎およびコンクリート基礎が用いられる．

b. 種　　類

　基礎工は一般に，管きょの種類，土質，地耐力，施工方法，荷重条件などを考慮して決定するが，その目的によって次の3種類に分類できる．

　(1) 管きょのこう配保持のためのもの．

　下水管きょはこう配が一般に非常に小さいので，砂基礎を採用すると，管きょのこう配の保持と継手の施工が容易になる．砂基礎は地盤が比較的良好な場合に採用する．

　(2) 基礎の地耐力の不足を補うためのもの．

　地盤が不良な場合には，下水管きょはしばしば不等沈下を起こし，管きょのこ

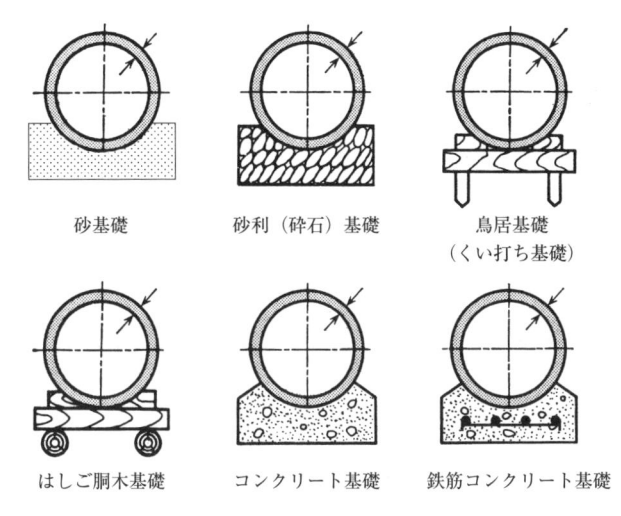

図4.20 各種の基礎工

（砂基礎／砂利（砕石）基礎／鳥居基礎（くい打ち基礎）／はしご胴木基礎／コンクリート基礎／鉄筋コンクリート基礎）

う配が乱れて，下水の流通が阻害されたり，継手箇所で管きょが破損したりする．このような場合には，はしご胴木基礎，鳥居基礎（くい打ち基礎），コンクリート基礎，鉄筋コンクリート基礎などが採用される．

(3) 管きょの耐荷力を補うためのもの．

管きょに働く荷重が大きいとき，管きょの破損を防ぐため，管きょの耐荷力を増大させる必要が生ずる．このため，砂利（砕石）基礎，コンクリート基礎，鉄筋コンクリート基礎が採用される．砂利（砕石）基礎は，砂埋戻しと併用することによって，埋戻しを完全に行い，間接的に耐荷力の増強を図ろうとする方法である．コンクリート基礎は，管きょにコンクリートを巻いて，積極的に防護する方法である．コンクリートで包む角度が大きいほど強度を増すことになる（図4.20）．

4.5 下水管きょの応力計算

4.5.1 土 圧 式

a. 概　　説

埋戻し直後は，土に凝集力がなく，摩擦力も僅少であるから，埋戻し土による

圧力は相当大きく，管きょの危険なのもこのときである．鉛直土圧の計算にはヤンセン（Janssen）の式が用いられる．

$$p = \frac{1}{K\tan\varphi}\left(\frac{B}{2}w - f\right)\left[1 - 1\Big/\exp\left(\frac{2K\cdot\tan\varphi\cdot H}{B}\right)\right] \quad (4.24)$$

ここで，p：深さ H の平面に及ぼす土圧強度（kg/m^2），K：$(1-\sin\varphi)/(1+\sin\varphi)$（垂直圧と水平圧の比），$\varphi$：土砂の内部摩擦角（°），$w$：土砂の単位重量（$kg/m^3$），$H$：土かぶり（m），$f$：土砂の粘着力（$kg/m^2$），$B$：掘削溝幅（m）である．水平土圧は鉛直土圧にくらべ小さいので，大口径の管きょ以外は考慮しない．

b. ヤンセンの式（鉛直土圧）

下水管きょの荷重のうちで主なものは土圧であり，特に，埋戻し後まだ土砂の安定しない状態において，雨水による湿潤，材料の堆積，輪荷重の通過などがある場合や，土かぶりが僅少で，巨大な直接輪荷重を受ける場合が危険である．

埋戻し土砂の及ぼす土圧については，ヤンセンの式がある．その誘導について説明する．図4.21において，深さ y のところに，厚さ dy の土の板を考え，その上面に下向きに働く単位圧力を v とし，この板に働く力の釣合いを考える．

下向きの力： 上からの圧力　　　$v\cdot B$
　　　　　　 土の板の自重　　　$w\cdot B\cdot dy$
上向きの力： 下からの反力　　　$(v + dv)B$
　　　　　　 側圧による摩擦力　$K\cdot v\cdot\tan\varphi\cdot 2\,dy$
　　　　　　 粘着力による抵抗力 $f\cdot 2\,dy$

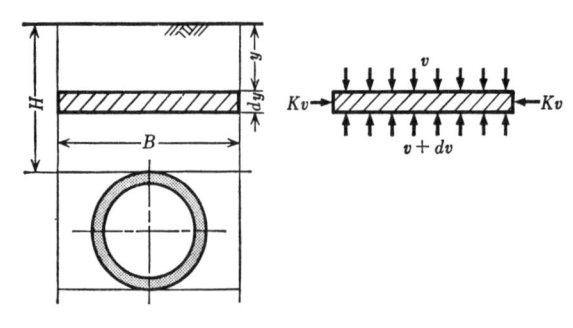

図4.21　管きょにかかる土圧

4.5 下水管きょの応力計算

これらが釣合っているから,

$$v \cdot B + w \cdot B \cdot dy = (v+dv)B + K \cdot v \cdot \tan\varphi \cdot 2\,dy + f \cdot 2\,dy$$

$$dy = \frac{B}{w \cdot B - 2\,K \cdot v \cdot \tan\varphi - 2\,f} \cdot dv$$

$$dy = dv \Big/ \left(w - \frac{2\,K \cdot v \cdot \tan\varphi}{B} - \frac{2}{B} \cdot f\right)$$

積分して,

$$\frac{-2\,K \cdot \tan\varphi}{B} \cdot y + C = \log\left(w - \frac{2\,K \cdot v \cdot \tan\varphi}{B} - \frac{2}{B} \cdot f\right)$$

ここで, C：積分定数である.

境界条件として

$$y = 0 \text{ において } v = 0$$

を考えると,

$$C = \log\left(w - \frac{2}{B} \cdot f\right)$$

$$-\frac{2\,K \cdot \tan\varphi}{B} \cdot y = \log\left[\left(w - \frac{2\,K \cdot v \cdot \tan\varphi}{B} - \frac{2}{B} \cdot f\right) \Big/ \left(w - \frac{2}{B} \cdot f\right)\right]$$

$$\left(w - \frac{2\,K \cdot v \cdot \tan\varphi}{B} - \frac{2}{B} \cdot f\right) \Big/ \left(w - \frac{2}{B} \cdot f\right) = \exp\left(-\frac{2\,K \cdot \tan\varphi}{B} \cdot y\right)$$

$$1 - \frac{2\,K \cdot \tan\varphi}{B[w - (2/B) \cdot f]} v = \exp\left(-\frac{2\,K \cdot \tan\varphi}{B} \cdot y\right)$$

$$\therefore\ v = \frac{B[w - (2/B) \cdot f]}{2\,K \cdot \tan\varphi}\left[1 - \exp\left(-\frac{2\,K \cdot \tan\varphi}{B} \cdot y\right)\right]$$

土かぶり H (m) の場合の垂直荷重 p (kg/m^2) は,

$$p = \frac{1}{K \cdot \tan\varphi}\left(\frac{B}{2}w - f\right)\left[1 - 1 \Big/ \exp\left(\frac{2\,K \cdot \tan\varphi}{B}\right)\right]$$

となる.

$2\,K \cdot \tan\varphi$ は φ の関数であり, 土質のいかんによって決まる (表4.7).

JISでは, $\varphi = 40°$, $w = 1,760\,\text{kg/m}^3$ をとっているから, $f = 0$ とすれば,

表 4.7 $2K \cdot \tan \varphi$ の値

φ (°)	$1-\sin\varphi$	$1+\sin\varphi$	K	$\tan\varphi$	$2K\cdot\tan\varphi$	$K\cdot\tan\varphi$
45	0.293	1.707	0.172	1.000	0.344	0.172
40	0.357	1.643	0.217	0.839	0.365	0.183
35	0.426	1.574	0.270	0.700	0.378	0.189
30	0.500	1.500	0.333	0.577	0.384	0.192
25	0.577	1.423	0.405	0.466	0.424	0.212

$$p = \frac{1,760}{0.365}\left[1 - 1\Big/\exp\left(0.365\frac{H}{B}\right)\right]B$$

$$\therefore \quad p = 4,820\left[1 - 1\Big/\exp\left(0.365\frac{H}{B}\right)\right]B$$

4.5.2 路面荷重

a. 等分布荷重

群集および堆積物などの等分布荷重は，ヤンセンの式による場合，土砂の内部摩擦角 $\varphi = 40°$ と考えて，次式により示される．

$$p_1 = q\Big/\exp\left(\frac{0.365H}{B}\right) \tag{4.25}$$

ここで，p_1：等分布荷重による深さ H における荷重強度（kg/m²），q：等分布荷重（kg/m²），H：深さ（m），B：掘削溝幅（m）である．

b. 輪荷重

自動車，転圧機などによる輪荷重は，衝撃係数を30％見込むと，次式によって示される（図4.22）．

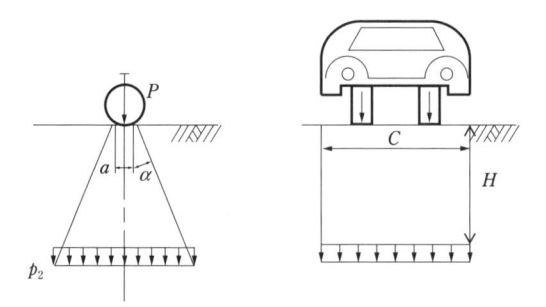

図 4.22 輪荷重

4.5 下水管きょの応力計算

$$p_2 = \frac{2P(1+0.3)}{C(a+2H\tan\alpha)} \tag{4.26}$$

ここで,p_2:深さHにおける輪荷重の分布強度 (kg/m^2),P:輪荷重 (kg),a:車輪接地長 (m),C:車体占有幅 (m),α:荷重分布角 = 45 − $\varphi/2$ (°),φ:土の内部摩擦角 (°),H:深さ (m) である.

4.5.3 応力計算

a. 概説

円形管については,管頂で切断し,管底で固定された曲線片持ち梁を考え,不静定力として,管頂に曲げモーメントおよび推力を作用させることによって基本式を導くことができる.長方形きょについては,箱形ラーメンと考え,たわみ角法で解くことができる.また,馬てい形きょについては,堅固な地盤に築造された場合のインバートを考えない固定アーチとして解く方法と,堅固でない地盤において馬てい形きょ自体を1つの弾性環として解く方法とがある.

b. 円形管

管きょに作用する荷重は,一般に鉛直軸に対して対称なので,管頂および管底の水平方向における回転および変位はない.したがって,図4.23のように,管頂を切断し,管底で固定された曲線片持ち梁と考え,不静定力として,管頂に曲げモーメントM_0および推力N_0を作用させることによって基本式を導くことができる.

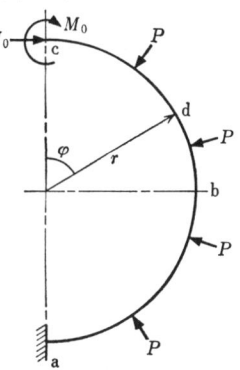

図4.23 円形管に働く荷重

任意点dにおける曲げモーメントM_d,推力N_dおよびせん断力S_dは,次式で示される.

$$M_d = M_0 + N_0 \cdot r(1 - \cos\varphi) + m$$
$$N_d = N_0 \cos\varphi + n$$
$$S_d = N_0 \sin\varphi - s$$

ここで,r:半径,m:d点におけるc−d間の外力Pによる曲げモーメント,n:d点におけるc−d間の外力Pによる推力,s:d点におけるc−d間の外力P

によるせん断力である.

内力仕事は次のようになる.

$$W = \frac{1}{2EI}\int_0^x M_d^2 \cdot r d\varphi$$

ここで, W：内力仕事, E：弾性係数, I：断面2次モーメント, φ：d点の角度である.

EIを定数とし, カスティリアノ (Castigliano) の定理 (最小仕事の原理) により,

$$\frac{\partial W}{\partial M_0} = 0$$

$$\frac{\partial W}{\partial N_0} = 0$$

であるから,

$$\int_0^x M_d \cdot \frac{\partial M_d}{\partial M_0} \cdot r \cdot d\varphi = \int_0^x M_d \cdot r \cdot d\varphi = 0$$

$$\int_0^x M_d \cdot \frac{\partial M_d}{\partial N_0} \cdot r \cdot d\varphi = \int_0^x M_d \cdot r^2 (1 - \cos \varphi) \cdot d\varphi = 0$$

を得る.

$$\int_0^x [M_0 + N_0 \cdot r(1 - \cos \varphi) + m] r \cdot d\varphi$$
$$= M_0 \pi r + N_0 \pi r^2 + \int_0^x m r d\varphi = 0 \quad (4.27)$$

また,

$$\int_0^x [M_0 + N_0 r(1 - \cos \varphi) + m](1 - \cos \varphi) r^2 d\varphi$$
$$= M_0 \pi r + N_0 \frac{3}{2}\pi r^2 + \int_0^x m r d\varphi - \int_0^x m r \cos \varphi d\varphi = 0 \quad (4.28)$$

となる.

式 (4.27) より,

$$M_0 = -N_0 r - \frac{1}{\pi}\int_0^x m d\varphi \quad (4.29)$$

を得る. 式 (4.29) を式 (4.28) に代入してN_0を求めると,

$$N_0 = \frac{2}{\pi r}\int_0^x m \cos \varphi d\varphi \quad (4.30)$$

となる. 式 (4.30) を式 (4.29) に代入すると, 次式となる.

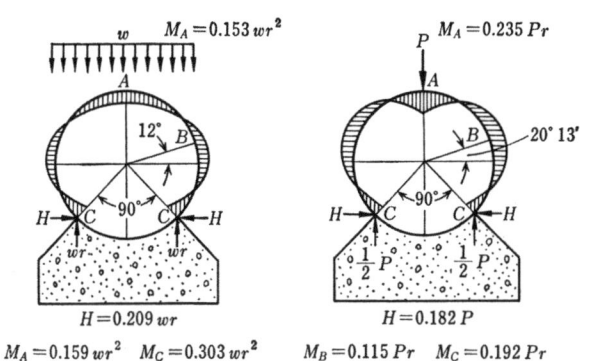

図 4.24 円形管に働く曲げモーメント

$$M_0 = -\frac{2}{\pi}\int_0^x m \cos\varphi d\varphi - \frac{1}{\pi}\int_0^x m d\varphi \tag{4.31}$$

この基本式に従って，各荷重状態における曲げモーメント図を図4.24に示す．図中の負の曲げモーメントは，外側に引張り力が働いた場合である．

4.6 付属設備

4.6.1 側溝，ますおよび取付け管

a. 概　説

道路には路面排水のため側溝（side gutter）を歩・車道の境界に，また，その区別のない道路では民有地との境界に設ける．側溝にはL形およびU形のコンクリート製（250〜350 mm）のものが使われる．

道路の角，その他適当な間隔（30 m以内）に雨水ます（street inlet）を設ける．雨水ますは，円形または角形で，コンクリート製，内のり30〜50 cm，深さは縁石下端より65 cmくらいで，うち土砂だめ深さを15 cm以上とし，格子蓋を有する．土砂だめはときどき掃除しなければならない．

取付け管（lateral sewer）の最小管径は150 mmとし，陶管または硬質塩化ビニル管を用い，10‰以上のこう配をつける（図4.25〜4.27）．

b. 機　能

公共下水管きょは公道内に埋設するから，道路の排水，宅地の排水は，要所要

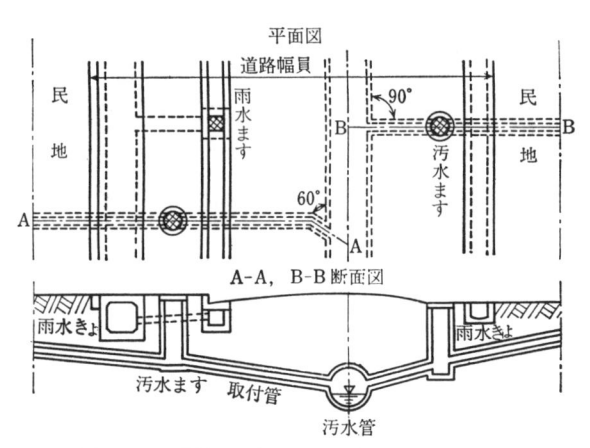

図 4.25 下水管きょ布設一般図（分流式による場合）

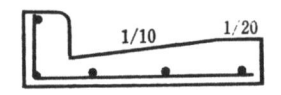

図 4.26 鉄筋コンクリート L 形側溝

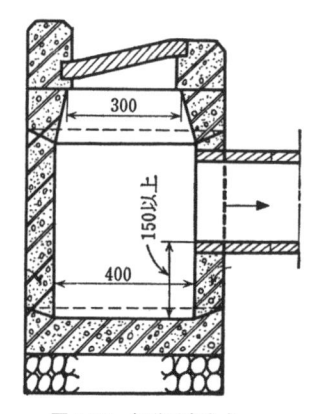

図 4.27 角形雨水ます
（日本下水道協会，下水道施設計画・設計指針と解説）

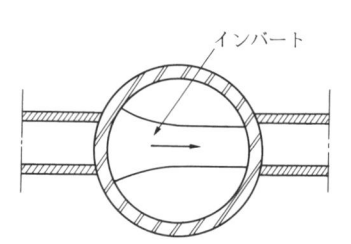

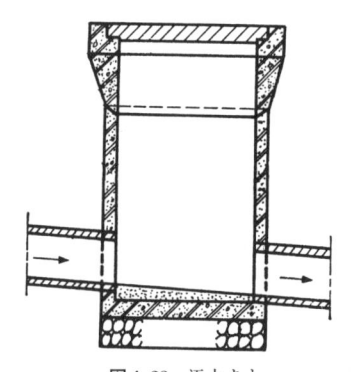

図 4.28 汚水ます
（日本下水道協会，下水道施設計画・設計指針と解説）

所の取入れますに集めてから，道路を横断する取付け管によって公共下水管きょに流入する．

側溝にはL形とU形の2種類がある．分流式で雨水の排除にU形のものを使用する場合は，とかく不潔になりやすく，かつ交通上にも危険があるので，L形の蓋をつけるか，雨水管を埋設するかいずれかの方法が好ましい（JIS A 5305および5306）．

雨水ますの蓋は，雨水の流入があるとともにスクリーンにもなり，管内の通風にも役立ち，また路面の一部として荷重もかかるので，堅固な穴付き蓋でなければならない．

取付け管の本管取付け部は，本管に対して60度または90度とする．また，取付け管は本管の中心より上方に取付ける．下方に取付けると，流れに抵抗を生じ，所定の流量を流すことができなくなり，また常時取付け管内に本管より背水をうけ，この部分に汚泥が沈殿して取付け管を閉塞させるおそれがある．

4.6.2 汚水ます

a. 概　　説

公共下水管きょが築造されると，それに面する個人は，必ず排水設備（私設下水道）を設けなければならない．排水設備の築造および管理は個人の負担であるが，公道下になる部分，すなわち取付け管は市などが築造・管理することが多い．

汚水ます（intercepting chamber）は，大体雨水ますと同じ構造であるが，底部には円弧状の断面のインバートを付け，蓋も密閉式として臭気の発散を防ぐ（図4.28）．

b. 排 水 設 備

下水を公共下水道に流入させるために必要な配水管きょ，その他の排水設備で，土地，建物などの所有者，管理者が施設するものである．

c. 配　　置

わが国では，汚水ますは維持管理のうえからと，公私の明瞭な区分点という意味で設けられる．また，各戸で勝手に本管と直接に取付けると，道路の占用が非常に多くなるので，汚水ますはこれを整理するものとも考えられる．

汚水ますは，道路と民有地との境界付近に設けるのを原則とする．ますを道路

上に設けるか民有地内に設けるかは都市の実情によって異なるが，将来都市の発展に伴い建築物の障害になることが考えられるので，一般的には道路上に設ける．

なお，分流式を採用する場合，汚水ますから雨水が浸入するのを特に防止する必要がある．

4.6.3 マンホール

a. 概　　説

下水管きょの検査，掃除，および通風のためマンホール（man-hole）を設ける．マンホールは，管きょの方向，こう配，管径の変化する箇所，段差の生ずる箇所，および下水管きょの合流接続する箇所に必ず設ける．直線部でも，距離があまり大きくなるときは中間に設ける．間隔は75～200 mで，管径の大きさに応じて定められる．

円形，コンクリート製のものが標準である．入口は内径60 cm，下部は内径90～180 cmであり，底部には土砂だめを設けず，下水管きょと同じ径の半円形のインバートをつくる（図4.29）．

b. 配　　置

マンホールは，下水管きょの直線部においても，管径に応じて表4.8の範囲内の間隔をもって設ける．

地表こう配が急な場合には，管径の変化の有無にかかわらず，地表こう配に応じて適宜に段差接合とする．この場合には，段差を生ずるところに必ずマンホー

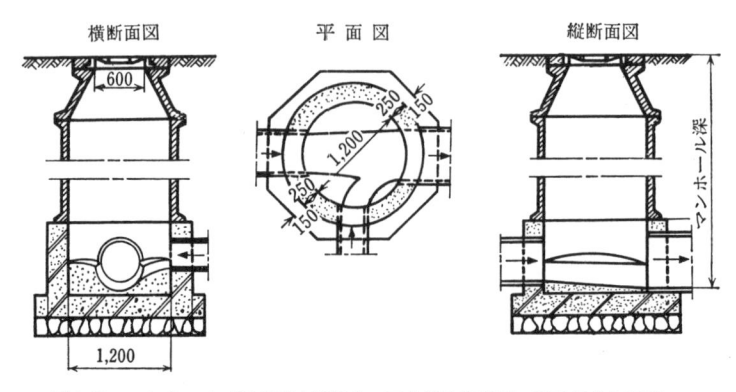

図4.29　マンホール（日本下水道協会，下水道施設計画・設計指針と解説）

4.6 付属設備

表4.8 マンホールの最大間隔

管　径 (mm)	600以下	1,000以下	1,500以下	1,650以上
最大間隔 (m)	75	100	150	200

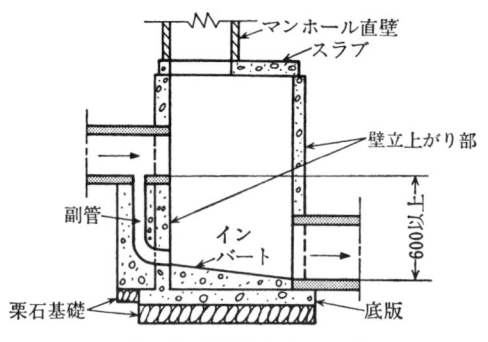

図4.30 副管付きマンホール

表4.9 標準マンホールの形状別用途

呼　び　方	形　状　寸　法	用　　　途
1号マンホール	内径 90 cm　円形	管の起点および 600 mm 以下の管の中間点ならびに内径 450 mm までの管の会合点
2号マンホール	内径 120 cm　円形	内径 900 mm 以下の管の中間点および内径 600 mm 以下の管の会合点
3号マンホール	内径 150 cm　円形	内径 1,200 mm 以下の管の中間点および内径 800 mm 以下の管の会合点
4号マンホール	内径 180 cm　円形	内径 1,500 mm 以下の管の中間点および内径 900 mm 以下の管の会合点
5号マンホール	内のり(法) 210 × 120 cm　角形	内径 1,800 mm 以下の管の中間点
6号マンホール	内のり(法) 260 × 120 cm　角形	内径 2,200 mm 以下の管の中間点
7号マンホール	内のり(法) 300 × 120 cm　角形	内径 2,400 mm 以下の管の中間点

（日本下水道協会，下水道施設計画・設計指針と解説）

ルを設け，段差 60 cm 以上の場合には，流下量に応じた副管付きマンホールを設ける．副管はバイパスの役割をもっている（図4.30）．

　マンホールは，できるだけ管きょの真上につくるのがよい．また，インバートは下水が流れやすいように設けられる（表4.9）．

4.6.4 伏越し

a. 概　説

下水管きょが，河川，地下鉄，ときには地下埋設物などと交差する場合には，やむをえず伏越し（inverted syphon）とする．伏越し管内の流速は，土砂の沈積を防止するため断面を縮小して，上流管きょの流速の20～30％増しとする（図4.31）．

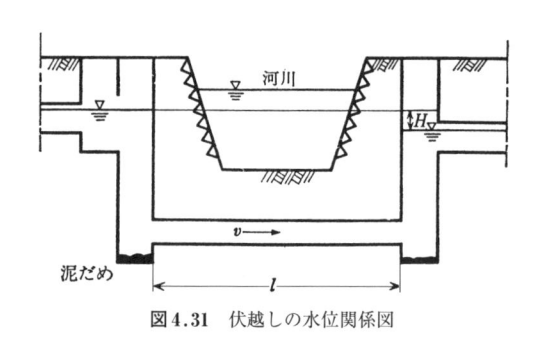

図 4.31　伏越しの水位関係図

損失水頭の計算は次式による．

$$H = i \cdot l + 1.5 \frac{v^2}{2g} + \alpha$$

ここで，H：伏越しの損失水頭（m），i：伏越し管内の流速に対する動水こう配（−），l：伏越しの中心線延長（m），v：伏越しの管内流速（m/s），g：重力加速度（＝9.8 m/s^2），α：通常0.03～0.05 m をとる．

b. 構　造

伏越し管きょの形状は，障害物の両側に垂直の伏越し室を設け，それらを水平または下流に向かい下りこう配で結ぶ構造とする．伏越し室には，上下両側ともゲートまたは角落しの設備を設け，また上下両側とも深さ0.5 m 程度の泥だめを設ける．

伏越し管きょは，一般に複数管きょとし，伏越し管きょの入口および出口は，損失水頭を少なくするためベルマウス形とし，伏越し管きょの土かぶりは，河底計画の浚渫面または現在の河底最深部より，重要度に応じて1 m 以上とする．

4.6.5 雨水吐き室
a. 概　　説

合流式下水道では，雨水のうち一定量は下水処理場まで導いて，汚水とともに処理してから放流し，その他の雨水は雨水吐き室（overflow weir）で分水して河海に放流する（図4.32）.

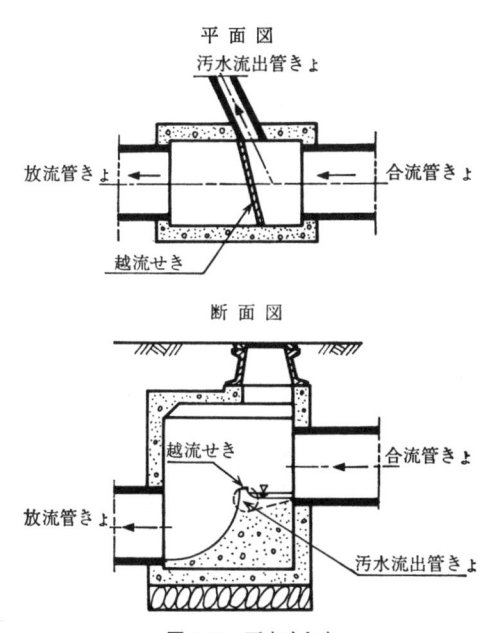

平面図

放流管きょ　　合流管きょ
汚水流出管きょ
越流せき

断面図

越流せき
合流管きょ
放流管きょ
汚水流出管きょ

図4.32　雨水吐き室

雨水吐き室における雨水越流量は，その地点における計画下水量から，汚水として取扱う下水量（計画時間最大汚水量の3～6倍）を差引いたものとする．また，雨水越流ぜきのせき長の概算は次式による．

$$L = \frac{Q}{1.8H^{3/2}}$$

ここで，L：せき長（m），Q：雨水越流量（m³/s），H：水頭（m）（せき長間の平均値）である．

b. 機　　能

合流式下水道においては，小雨のときや降雨の初期には，下水は雨水によって

あまり希釈されず，また降雨の初期の雨水は，道路面の汚物，ごみなどを含んでいるので，これらの下水を河海などに放流すると放流水面を汚染するおそれがあるので，そのまま放流するには種々問題がある．このため，最近これをある程度処理したうえで放流する施設が計画されるようになっている．

しかしながら，雨水量が相当に増して下水が希釈されてくると，このような危険性は少なくなるし，また多量の雨水まで下水処理場に導入すると，下水処理場の施設が膨大になるうえに処理作業上にもいろいろな障害を生ずる．これらの諸点を考慮して，汚水として取扱う水量は，時間最大汚水量の3～6倍とする．

雨水吐き室のせきは完全越流を原則とし，せき長はできるだけ長い方が下水中の夾雑物による閉塞防止や維持管理の点で有利である．越流ぜきの平面形は，なるべく直線の方がよいが，直線にするために雨水吐き室があまり長大となるときは，越流ぜきを曲線にするなどの工夫が必要となる．

4.6.6 雨水調整池
a. 概　　説

宅地開発などの土地利用の変化があると，その地区からの雨水流出量が増加するとともに，その流出時間が短縮され，ピーク流量は増大する．そこで，排水区域の下流管きょの流下能力の不足，下流のポンプ場の能力不足や放流先水路の流下能力不足を生じることが多い．このような場合に，流出雨水を一時的に貯留し，下流の管きょ，ポンプ場，放流先水路への放流量のピークを減少させて，適切に流量調整を行う施設として雨水調整池（storm water reservoir）が設けられる．

b. 容量および構造

調整池の調節容量は，雨水排除計画の計画降雨によって生じるピーク流量を下流で許容される放流量まで調整するために必要な容量とする．

調整池への流入水量 Q_I，放流水量を Q_O とすれば，貯留量は V は理論的に

$$\frac{\partial V}{\partial t} = Q_I - Q_O \tag{4.32}$$

となる．Q_I はふつうハイエイトグラフなどから求め，Q_O は貯水池の構造などから計算できる．貯留量 V は $Q_I - Q_O$ の時間変動を積分して算出する．

雨水調整池の構造は，ダム式（堤高15 m未満），堀込み式および地下式などが

あり，下水道雨水調整池技術基準（案）解説と計算例（日本下水道協会）などを参考にして決める．

4.6.7 吐 き 口
a. 概　　説
吐き口（outlet）の位置および放流の方向は，下水が付近に停滞しないようにし，吐き口における流速は，船航，洗掘など周囲に影響を及ぼさないようにする．また，吐き口の底面は河海の底面より上におかなければならない．

b. 位置および構造
吐き口の周辺は洪水，波浪などに対して弱点となりやすいので，吐き口の位置および構造，在来護岸の補強方法などは，河川・港湾の管理者と事前に十分打合わせをしなければならない．

吐き口は下水が付近に停滞し，沈殿物が腐敗を起こすことなく，下水を流水とともに速やかに運び去るように，流勢のあるところを選び，流水の流れにのるように方向を定めて開口させるとよい．また，放流水の水勢によって河海の底や護岸を浸食しないように水たたきを設け，護岸を補強するなどの措置を講じなければならない．

吐き口の高さが低水位より著しく高いときは，洗掘を生じたり，水の落下音で付近の住民に迷惑をかけることがある．吐き口の底面が河海の底面より低くなるときは，系統を変更するか，放流管きょの断面を大きくしてこう配をゆるやかにするなどの方法を講じて，必ず吐き口の底面が河海の底面より上におくようにする．感潮水域などで，高水位が高くなるような場合には，自動ゲートを設けて，逆流を防ぐようにする．

4.6.8 雨水浸透施設
a. 概　　説
都市域においては，土地利用の変化とともに雨水の貯留・浸透機能が低下し，雨水流出量の増大を招いている．雨水浸透施設（rainfall infiltration facilities）は，雨水をできるだけ地下に浸透処理し，下水管きょや河川への雨水流出量を削減するもので，大都市を中心に数多く設置されている．

b. 種　　類

雨水浸透施設の種類は次のとおりである．

1）浸透管（infiltration pipe）　　掘削した溝に砕石を充填し，この中にます類と連結した透水性の管（有孔管，多孔管）を布設し，雨水を導きトレンチ内の充填砕石の側面および底面から地中へ浸透させる施設をいう．

2）浸透ます（infiltration inlet）　　ますの底面などを砕石で充填し，集水した雨水を浸透させるますをいう（図4.33）．

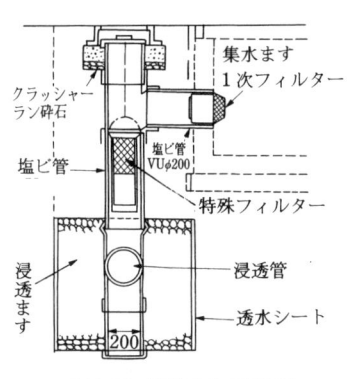

図4.33　浸透ますの構造例

3）浸透側溝（infiltration curve）　　透水性のコンクリート材を用い，U形溝底面を砕石で充填し，集水した雨水を帯状に分散させる側溝類をいう．

4）透水性舗装（porous asphalt pavement）　　雨水を直接ポーラス状の舗装面に浸透させ，雨水を地中へ面状に浸透させる施設で，主として歩道面で用いられている．

5）浸透井（infiltration well）　　井戸を通して雨水を砂礫層に導き，地中に浸透させる施設をいう．

6）浸透池（infiltration pond）　　貯留施設の底面を地下浅層の砂礫層まで掘削するか，もしくは底面に浸透井を設け，貯留による洪水調節機能と浸透による流出抑制機能の両機能を併せもった施設をいう．

4.6.9 雨水貯留管

a. 概　説

　大都市においては降雨による浸水の確率年を上げて，より安全な街づくりを行なっている．たとえば，降雨強度公式の確率年を5年から10年にグレードアップして，ピーク流量（最大雨水流出量）の一部を雨水貯留管（storm water storage pipe）に一時的に貯留している．雨水貯留管は，確率年を上げたことによる雨水流出量の増加を一時的にためて，下流の雨水管への流出量を削減するものである．

b. 容　量

　雨水貯留管の容量は，雨水排除計画の計画降雨によって生じるピーク流量を下流で許容される放流量まで調整するのに必要な容量とする．

4.7　管きょの施工

a. 概　説

　下水管きょの施工場所は，住民と密着した道路上であり，時としては河川や鉄道を横断する場合もある．施工にあたっては，施工場所の土質条件，地下埋設物の状況ならびに周辺環境の状況を明らかにし，経済的で安全な施工方法とするとともに周辺環境や住民生活に対する影響も少ないものとする．

　施工方法には，開削工法（open cut method），推進工法（pipe jacking method）およびシールド工法（shield tunneling method）などがある．

b. 開削工法

　開削工法は，推進工法やシールド工法にくらべ道路利用や住民生活への影響が大きいものの，施工実績は最も多い．管の埋設深さが10 m以内であれば，山留工（木矢板，軽量鋼矢板，鋼矢板など）の工法を選ぶことにより施工できる．特に，埋設深さが3～4 m以下では経済的な工法である．開削工法は，山留工，掘削工，基礎工，埋戻工などから構成されている（図4.34）．

c. 推進工法

　推進工法は，推進管の先端に刃口を取付けて，ジャッキ推力によって地中に圧入し，次々に管を接続して押込むものである．道路交通量の増大，住民生活への影響，深い地下埋設物の存在などの理由からよく用いられている．一般的に，推

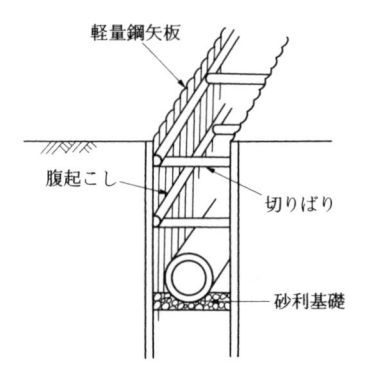

図4.34 軽量鋼矢板による開削工法

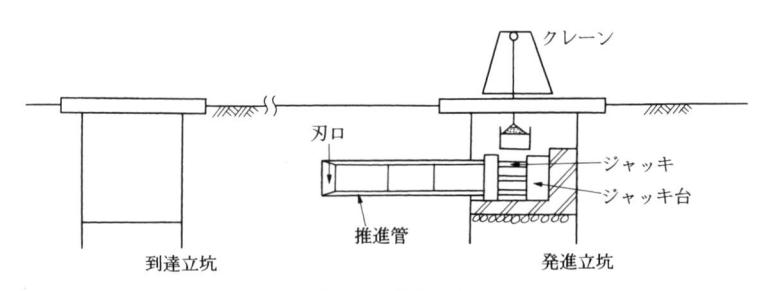

図4.35 推進工法

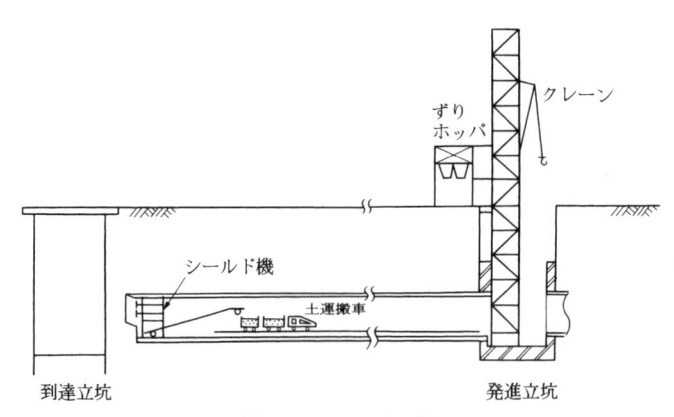

図4.36 シールド工法

進工法で施工できる管径は800〜3,000 mmであり，それ以下の管に対して各種の小口径推進工法が開発されている（図4.35）．

d. シールド工法

シールド工法は，先端部のシールド機によって掘削し，順次セグメントを組立てて覆工し，管路（トンネル）を建設するものである．埋設深さや地盤条件の制約を受けにくく，周辺環境への影響も少ない．一般的に管径1,500 mm以上でないと施工しにくいが，それ以下の管に対して推進工法とシールド工法の中間的なセミシールド工法がある（図4.36）．

5. ポンプ場およびポンプ

5.1 ポ ン プ 場

5.1.1 種類および計画下水量
a. 概　　説
　下水道では，できるだけポンプの使用を避けなければならない．ポンプ場（pumping station）には，雨水ポンプ場（排水ポンプ場），中継ポンプ場および処理場内ポンプ場の3種類がある．

　ポンプ場における計画下水量は次のとおりにする．すなわち，汚水ポンプは，分流式の場合は計画時間最大汚水量，合流式の場合は雨天時の計画汚水量とする．雨水ポンプは計画雨水量とするが，排水面積が広大な場合は，管きょ内の滞留を考慮することがある．

b. 種　　類
　吐き口の高さが河海の低水位以下の場合には，ポンプ排水が絶対に必要である．また，平均水位以下で，自然排水できる時間が著しく短いときにも，ポンプ排水が必要である．

　雨水ポンプ場（排水ポンプ場）は，雨天時に排水区域の雨水を河海に放流して，低湿地の氾濫を防止するため設けられる．中継ポンプ場は，流入区域内の汚水を，次のポンプ場または下水処理場に送水するもので，管路の長い場合，下水管きょの埋設が深くなるのを防ぐため設けられる．処理場内ポンプ場は，下水が沈殿池などの各処理施設を自然流下で通過して，なお常時河海に放流できるために必要な水頭を与えるため設けられる．

　雨水量が合理式で算定され，ことに排水面積が大きい場合には，短時間の高強度の豪雨では下流で，中強度で長時間の豪雨では上流で，管きょ断面に余裕を生じるから，管きょ内の滞留を考慮しポンプの容量を2～3割減ずることができる．

計画汚水量の小さな場合には，マンホール内に水中ポンプを設置して，通常の沈砂池が省略された簡素な汚水ポンプ場（マンホール形式ポンプ場）が用いられる．一般的には，計画時間最大汚水量で $6.0\ \mathrm{m^3/min}$ 程度の規模まで設置可能である．

5.1.2 付属設備
a. 概説
 ポンプ場には，スクリーン（screen）ならびに沈砂池（grit chamber）が必要である．原動機の選択にあたっては，不時の運転停止が排水区域に与える損害の大小，ポンプ場の性格を考慮しなければならない．沈砂池入口には非常用のゲート（阻水扉）を設けて，下水の流入を阻止することができるようにする．量水器としては，ベンチュリメーターや電磁流量計が多く用いられる．

b. スクリーンおよび沈砂池
 スクリーンは，汚水用は原則として沈砂池の前に設備し，かき揚げ装置を設けている．雨水用は原則として沈砂池の後に設置し，かき揚げ装置を設置する．

 合流式の沈砂池で雨水，汚水ともに受けるものは，晴天時の下水量が雨天時にくらべて格段に少ないため，晴天時に無機物のほか有機物も沈殿し，腐敗を起こすこととなる．そこで，合流式の沈砂池は，晴天時の下水量に対する汚水用沈砂池と雨天時のみ流入する雨水用沈砂池に分けて設けるのがよい．

 雨水ポンプの原動機は，ディーゼル機関またはガソリン機関とするか，あるいは自家発電設備をもつことが望ましい．中継ポンプ場および処理場内ポンプ場のポンプには，もっぱら電動機が用いられるが，重要度に応じ，停電事故に備えて2回線あるいは自家発電設備を考慮する（スクリーンおよび沈砂池の詳細は7.2予備処理，p.96参照のこと）．

5.2 ポ ン プ

5.2.1 種類
a. 概説
 ポンプ（pump）の中で，渦巻ポンプ（volute pump, centrifugal pump）は遠

図5.1 ポンプの種類

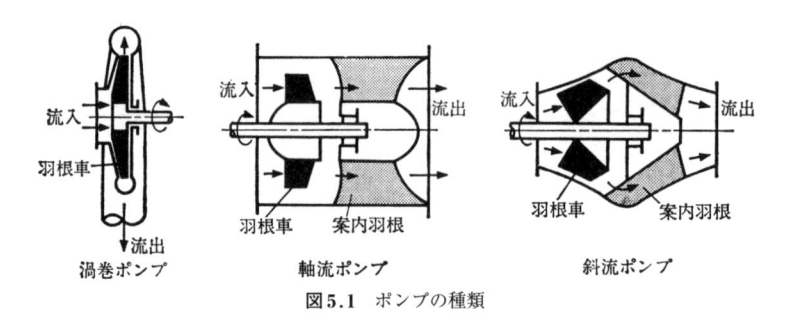

心力により揚水するもので，4～20 mの揚程に用いられる．軸流ポンプ（axial pump, propeller pump）は，羽根の推進力（揚力）により揚水するもので，4 m以下の揚程に使用される．斜流ポンプ（mixed flow pump, diagonal flow pump）は，前2者の中間で，一部は遠心力により，他は羽根の揚力により揚水するもので，3～12 mの揚程に用いられる．汚泥ポンプには，主として渦巻ポンプを用い，特にその羽根数が少なく，胴体の大きいものが用いられる（図5.1）．

b. 揚程，動力および性能

1) 揚　程（pump head）　ポンプの吸込み水面から吐出し水面までの鉛直高を実揚程といい，これに吸込み管，吐出し管の各種損失水頭などを加えたものを全揚程という（図5.2）．

ポンプでは吸込み口径によって吐出し量を決める．

$$D = 146\sqrt{Q/V} \tag{5.1}$$

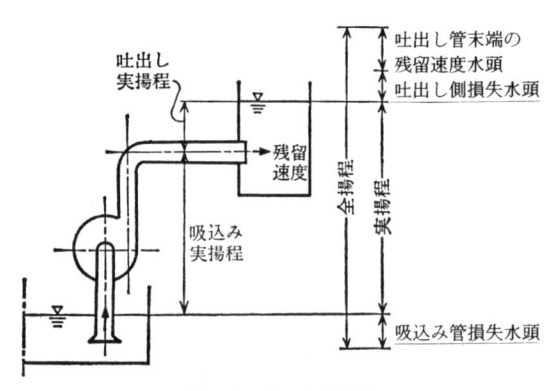

図5.2 ポンプの揚程

ここで，D：ポンプの吸込み口径（mm），Q：ポンプの吐出し量（m³/min），V：吸込み口の流速（m/s）である．ただし，$V = 1.5 \sim 3.0$ m/s を標準とする．

2）軸動力と原動機出力　ポンプの所要動力は，ポンプのなす仕事とポンプの効率によって定まる．

ポンプの軸動力は次式で求められる．

$$P_S = \frac{16.3\gamma\,QH}{\eta} \tag{5.2}$$

ここで，P_S：ポンプの軸動力（kW），γ：揚水の単位体積の重量（kg/l）（ただし，下水の場合は $\gamma = 1$ とする），Q：ポンプの吐出し量（m³/min），H：ポンプの全揚程（m），η：ポンプの効率（%）である．

原動機出力は次式となる．

$$P = P_S(1 + \alpha) \tag{5.3}$$

ここで，P：原動機出力（kW），P_S：ポンプの軸動力（kW），α：余裕である．ただし，余裕 α は，ポンプの形式，原動機の種類および揚程の変動によって $0.10 \sim 0.35$ の値に定める．

3）性　能　ポンプの回転数，揚水量，揚程，動力，効率などの関係をポンプの性能と称し，これを曲線で示したものを性能曲線（特性曲線）とよぶ（図5.3）．

4）形式の選定　ポンプは吸込み実揚程および吐出し量を考慮し，横軸形の場合は，全揚程より表5.1を標準としてポンプの形式を定める．

ポンプの据付け面積に制限のある場合，または吸込み実揚程が大きい場合，立軸形を標準とする．立軸形は，呼び水操作が容易なので自動運転が容易となる．

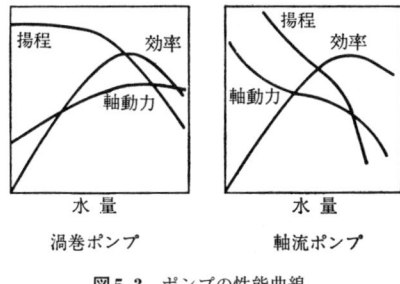

図5.3 ポンプの性能曲線

表5.1 全揚程に対するポンプの形式

全揚程 (m)	形　式	ポンプの口径 (mm)
5以下	軸流ポンプ	400以上
3～12	斜流ポンプ	400以上
5～20	渦巻斜流ポンプ	300以上
20以上	渦巻ポンプ	80以上

（日本下水道協会，下水道施設計画・設計指針と解説）

なお，ポンプは内部で閉鎖がなく，腐食や摩耗の少ない，分解掃除の容易なものとする．

　5）汚泥ポンプ　　固形物を容易に圧送し，それにより摩耗したり，閉塞しないものとする．したがって，多少ポンプの効率は低下しても，固形物などが羽根に詰まらないようにするため，羽根数は1～2枚とし，羽根車の出口幅もこれらのものを通すのに十分な大きさとなっている．また，胴体内の液の流れるところは十分に広くとってある（図5.4）．

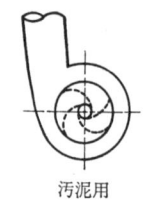

図5.4　汚泥用ポンプ

　内部の掃除，点検，摩耗部分の取りかえが容易であり，かつ，汚泥が漏洩したり，臭気を著しく発散しないものであることが要求される．

　付．スクリューポンプ（screw pump）

　水平に対して約30度に傾斜したU字形トラフの中で，スクリュー形の羽根を回転させて揚水するポンプである．最大揚程は約8 m，効率は平均75％程度，回転数は100 rpm以下である．構造が簡単で，運転保守が容易であり，スクリューのピッチ間隔が大きいので相当大きなゴミでも詰まらない（図5.5）．

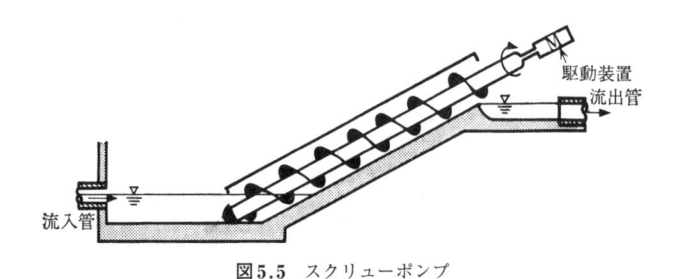

図5.5　スクリューポンプ

5.2.2　付属品およびポンプ台数

a．概　　説

　電動機はポンプに直結し，基礎も共通のものがよい．吸込み口にはストレーナーをつけず，スクリーンをポンプます（wet well）の前に設ける．

　ポンプはできるだけ同一容量，同一性能のもので台数を少なくするのが理想的であるが，中小規模の施設の場合，2～3種類の容量のポンプを組合わせること

5.2 ポンプ

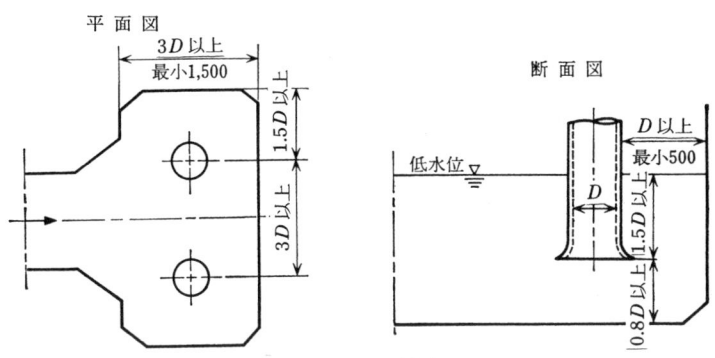

平面図　　　　　　　　　　　　　　断面図

図5.6　ポンプます

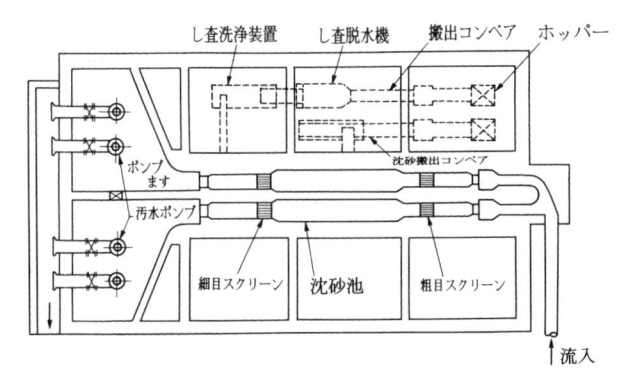

図5.7　ポンプ場平面図の例

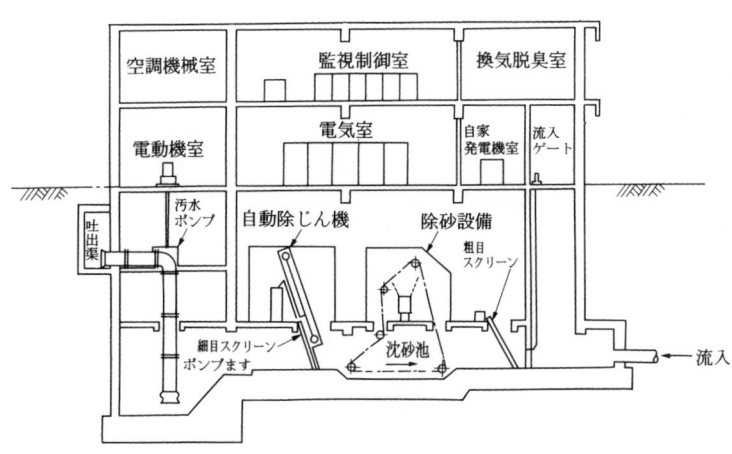

図5.8　ポンプ場断面図の例

により，ポンプ運転を容易にすることができるので，その容量，台数の決定は十分に検討する必要がある．

ポンプの設置台数は，計画汚水量および計画雨水量に対して汚水ポンプで3～6台（うち予備1台），雨水ポンプ2～6台を標準とする．

b. ポンプます

ポンプますとは，沈砂池，スクリーンを通った下水を，ポンプで汲み上げるため，ポンプの吸込み管を配置したますである．合流式の場合には，汚水専用と雨水専用に分ける．

ポンプますは，大きすぎて水がよどむと，沈砂池を通ってきた微細な有機物が沈殿，腐敗してガスを発生する．逆に，狭すぎると渦流が発生して，これがポンプに吸込まれると，キャビテーションなどの現象が生じて振動などの事故がおき，さらにポンプの運転，停止の頻度が高まって故障の原因にもなる（図5.6）．

一般的なポンプ場の例を図5.7および図5.8に示す．

6. 水 質

6.1 下水水質

6.1.1 固形物

下水を蒸発乾固，乾燥したとき残る物質を蒸発残留物（total residue on evaporation）とよぶ．また，全固形物（total solids）とよぶこともある．蒸発残留物は，浮遊物質（suspended solids, SS）と溶解性物質（dissoeved matter）との和である．浮遊物質と溶解性物質を区別するには，一般的に沪紙（JIS P 3801, 5種C）を用い，沪紙上に残留したものを浮遊物質，沪液に存在するものを溶解性物質とよぶ．また，蒸発残留物を約600℃で強熱灰化した後の残留物を強熱残留物（ignition residue）とよぶ．灰分（ash）とよぶこともある．蒸発残留物と強熱残留物との差を，強熱減量（ignition loss）とよぶ．強熱減量は揮発性物質（volatile matter）ともよばれ，有機物質量とほぼ等しいと考えることができる．

わが国の下水の蒸発残留物は450〜750 mg/l で，そのうち浮遊物質濃度は150〜300 mg/l である．有機物質（強熱減量）の占める割合は60〜80％である．

6.1.2 有機物質

元素としてはC, H, O, Nが主で，P, Sも存在する．化合物としては，タンパク質（C, H, O, NのほかにS, P, Feなどを含むことがある），炭水化物（C, H, O），脂肪（C, H, O）などが主である．

6.1.3 透視度

透視度（transparency）は試料の澄明の程度を示すもので，透視度計の上部から透視し，底部に置いた二重十字標識板がはじめて識別できるときの水層の高さを測り，1 cmを1度として表す（図6.1）．同一種類の下水では，透視度はSS,

BODなどと相関を示す場合が多いが，その程度は下水の種類，性質，処理方法などによって異なる（6.1.7生物化学的酸素要求量，p.88参照）．

6.1.4 pH

pHは水中の水素イオン濃度を，その濃度の逆数の常用対数で示したものである．

純水は解離して，

$$H_2O \rightleftarrows H^+ + OH^-$$

となる．水の解離定数を K_w とすれば，

$$[H^+][OH^-] = K_w$$

となる．純水の解離は，25℃において $[H^+]$ が 10^{-7} mol/l，$[OH^-]$ が 10^{-7} mol/l となるので，K_w は 10^{-14} (mol/l)^2 となる．したがって，

$$K_w = [H^+][OH^-] = 10^{-14}$$

$$\therefore \frac{1}{K_w} = \frac{1}{[H^+]} \cdot \frac{1}{[OH^-]} = 10^{14}$$

両辺の常用対数をとると，

$$\log\frac{1}{K_w} = \log\frac{1}{[H^+]} + \log\frac{1}{[OH^-]} = 14$$

となる．そこで，

$$\log\frac{1}{K_w} = pK_w$$

$$\log\frac{1}{[H^+]} = pH$$

$$\log\frac{1}{[OH^-]} = pOH$$

と示すと，

$$pK_w = pH + pOH = 14$$

となる．pH = 7.0のとき，水素イオン濃度と水酸イオン濃度は等しくなり，中性とよばれる．pH＞7.0はアルカリ性，pH＜7.0は酸性とよばれる．

下水のpHは，ふつう7.0前後である．

6.1 下水水質

表6.1 純水中の飽和溶存酸素量
(気圧1.013×10^2 kPa, 酸素20.9%, 水蒸気飽和大気中)

温度(℃)	飽和DO量(mg/l)	塩素イオン100 mg/lごとに減ずべきDO量
0	14.62	0.0165
5	12.80	0.0141
10	11.23	0.0110
15	10.15	0.0101
20	9.17	0.0087
25	8.38	0.0082
30	7.63	0.0077

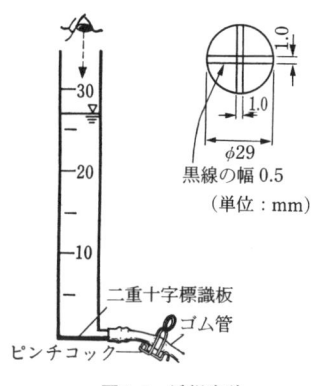

図6.1 透視度計

6.1.5 アルカリ度

水中に存在する炭酸水素塩, 炭酸塩, 水酸化物などのアルカリ成分を所定のpHまで中和するのに要する酸の量を, これに対応する炭酸カルシウムの濃度(mg/l)で表したものである. 下水では, 酢酸, プロピオン酸などの塩やアンモニア, 水酸化物などがアルカリ度 (alkalinity) を構成する.

下水のアルカリ度は, 工場排水などの影響を示す1つの指標である. 下水処理においては, 生物学的硝化や凝集沈殿などの処理効果を左右する重要な因子である.

6.1.6 溶存酸素

水中に溶解している分子状の酸素を, 溶存酸素 (dissolved oxygen, DO) とよぶ. 酸素の溶ける量は気圧, 水温, 塩分などに影響される (表6.1).

有機性の汚染物質が水域に流入すると, 生物化学的に分解される過程 (自浄作用) で, 水中の溶存酸素が消費されるので, DO値は有機汚染の指標となる. 大気からの酸素の補給のほか, 藻類の光合成作用による酸素の供給があると, DOが過飽和になることがある.

また, 水中の溶存酸素量の同温同圧下における純水中の飽和酸素量に対する百分率を, 酸素飽和百分率とよぶ.

6.1.7 生物化学的酸素要求量

生物化学的酸素要求量（biochemical oxygen demand, BOD）とは，溶存酸素の存在のもとで，水中の分解可能な有機物質が生物化学的に安定化するために要求する酸素量をいい，酸素の mg/l で表したものである．

ここでいう分解可能とは，有機物質が微生物（主として細菌）に摂取されて，その生物化学的酸化から微生物に必要なエネルギーを生産できることをいう．したがって，BOD が大きければ，その水中には分解可能有機物質が多いことを意味し，それが河川などに放流された場合に，公共用水域の汚濁の一因となる．

BOD 試験は，20℃，5日間を標準とする．わが国の下水の BOD は 150～300 mg/l 程度である．イギリスの河川などでは，流入した有機物質が海に到達するまでに，自浄作用によってどのくらいその酸素要求が満たされるかという観点から，5日間の BOD という指標が最初に用いられたのである．

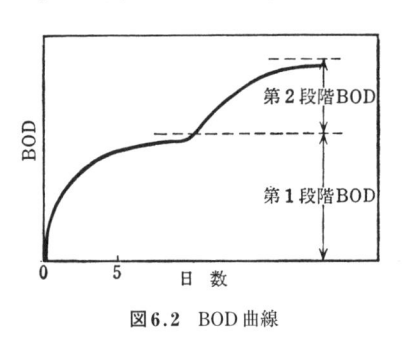

BOD 曲線を経過日数に対して描くと，図 6.2 に示すとおりである．最初に炭素系有機物質の分解に伴う酸素要求，続いて窒素系有機物質の分解に伴う酸素要求がみられ，前者を第1段階 BOD，後者を第2段階 BOD とよび，両者の和が全 BOD となる．第1段階 BOD は1次反応と考えることができるので，

図 6.2 BOD 曲線

$$\frac{dL}{dt} = K(L_0 - L)$$

ここで，L：時間 t における BOD，t：経過時間，K：BOD 反応速度定数（脱酸素速度定数），L_0：第1段階 BOD である．

上式を積分すると

$$L = L_0 (1 - e^{-Kt})$$
$$= L_0 (1 - e^{-Kt})$$

ここで，$k = K/2.303$ で，k は 10 を底とするときの BOD 反応速度定数である．

6.1.8 化学的酸素要求量

水中の有機および無機物質が，酸化剤によって酸化される場合の酸素要求量を化学的酸素要求量（chemical oxygen demand，COD）という．酸化剤に過マンガン酸カリウムを用いる場合と，重クロム酸カリウムを用いる場合とがある．COD試験では酸化剤を用いるため，BODの場合にくらべて時間がかからない．

わが国では，排水規制や環境基準の指標として利用される場合，過マンガン酸カリウムCODが用いられている．測定時間や測定法の簡便さについては，過マンガン酸カリウムCODがすぐれているが，測定結果の再現性では重クロム酸カリウムCODがすぐれている．

6.1.9 全有機炭素

全有機炭素（total organic carbon，TOC）は，下水中の有機炭素を高温で触媒存在下で酸化分解させ，生成したCO_2を赤外線分析計で測定して求める．したがって，下水中に存在する無機質の炭素（たとえば，CO_2，HCO_3^-など）は，分析前に除去するか，あるいは無機質の炭素から求められるCO_2の量を補正する必要がある．

6.1.10 窒素

無機性窒素および有機性窒素の総量を全窒素（total nitrogen）とよぶ．無機性窒素とは，アンモニア性窒素，亜硝酸性窒素および硝酸性窒素をさし，有機性窒素とは，タンパク質をはじめ種々の有機化合物中の窒素をさす．

自然界における窒素の循環を図6.3に示す．アンモニアは酸化されて亜硝酸塩となり，さらに酸化されて硝酸塩となる．これを硝化（nitrification）とよび，アンモニア酸化菌および亜硝酸酸化菌によって行われる．一方，嫌気性環境下では，硝酸塩は還元されて亜硝酸塩となり，さらに還元されて遊離の窒素となる．これを脱窒（denitrification）とよび，脱窒菌によって行われる．

窒素はリンとともに，水域の富栄養化の要因となる．

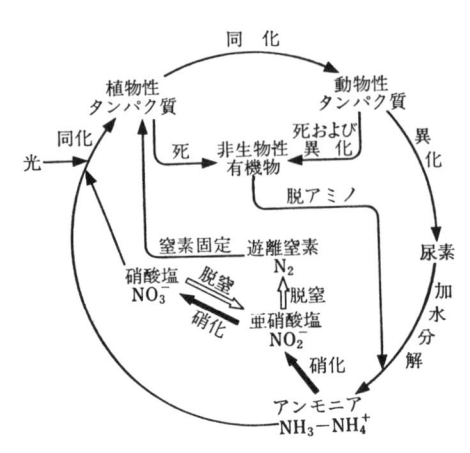

図6.3 自然界における窒素の循環

6.1.11 リン

リン (phosphorus) はその形態によって、オルトリン酸塩 (PO_4^{3-})、オルトリン酸塩の縮合体であるポリリン酸塩、および有機リンに分けられる。ポリリン酸および有機リンは、微生物が関与する加水分解によって急速にオルトリン酸になるため、流入下水中では50％前後であるオルトリンの割合は、生物処理水中では90％以上となる。

リンは窒素とともに、水域の富栄養化の要因となる。

6.1.12 有害物質など

人の健康にかかわる有害物質として、シアンなどの無機物質、重金属類に加えてトリクロロエチレンなどの有機性塩素化合物や農薬などの汚染物質が水質環境基準として追加された〔環境庁告示第16号、1993(平成5)年、表2.1参照〕。

また、病原細菌による水系感染にかわり、クリプトスポリジウム (*Cryptosporidium*) に代表される原虫や腸管系ウイルスによる水系感染がしばしば生じており、人の健康を脅かすリスクとして明らかになっている。

6.2 富栄養化

a. 定　義

富栄養化（eutrophication）は，本来，湖沼の栄養塩類（窒素やリンなど）が増加して，生物の生産が多くなっていく自然現象を表現する用語であった．しかし，現在では，人間活動によって多量の栄養塩類が水域に負荷されて起こる1次生産者（植物プランクトン）の異常増殖を表すのにこの用語が用いられている．たとえば，内湾での赤潮の発生，河川での付着藻類の増加も富栄養化とみなされている．したがって，富栄養化とは，水域での1次生産（primary production）が増大する現象と定義することができる．

b. 障　害

湖沼の富栄養化による障害としては，プランクトンによる水道の沪過池の目詰りなどの浄水処理上の障害，水道水の異臭味障害，アオコや淡水赤潮の発生による湖沼の透明度の低下，景観の悪化，プランクトンの発生による水産被害などがある．

また，海域においては，夏期になると瀬戸内海に赤潮が発生し，養殖ハマチの大量斃死が起こっている．赤潮の発生状況は，1996（平成8）年度に90件，1997（平成9）年度に54件，1998（平成10）年度に26件となっている．

c. 対　策

湖沼については，富栄養化の要因物質である窒素およびリンに係る環境基準が1982（昭和57）年に告示された．海域における窒素およびリンに係る環境基準が1993（平成5）年に定められている（表2.2参照）．また，湖沼における一般排水基準を定め，1985（昭和60）年7月から規制が実施されており，海域における窒素およびリンの一般排水基準も1985年6月に中央公害対策審議会から答申され，規制が実施されている（表6.2）．

表6.2　一般排水基準（湖沼および海域）

窒素含有量	最大値 120 mg/l（日間平均値 60 mg/l）
リン含有量	最大値　16 mg/l（日間平均値 8 mg/l）

6.3 汚濁負荷量原単位

汚濁負荷量原単位（pollutant load per unit activity）は，人，工場，家畜，土地利用形態の発生源別の汚濁負荷量を求めるため，それぞれの発生源別の単位当り（人の場合には，1人1日当り）で排出する汚濁負荷量をいう．

a. 家庭汚水

下水処理の立場から考慮の対象となる水質項目は，BOD，CODなどで示される有機物質，浮遊物質（SS），および窒素やリンなどの栄養塩類である．

家庭汚水をし尿および雑用水に分けて考えたときの汚濁負荷量原単位の例を，表6.3に示す．

家庭汚水の計画水質は，1人当り汚濁負荷量原単位の標準値を，計画1人1日最大汚水量で除し求められる．通常の家庭汚水のBODとSSは180～220 mg/l

表6.3 雑用水とし尿に分けた場合の1人当りの平均的と考えられる汚濁負荷量 (g/人・d) 例

項 目	し尿	雑用	計
BOD	18	32	50
COD	10	17	27
SS	20	18	38
T-N	9	3	12
T-P	0.9	0.9	1.8

表6.4 工場排水汚濁負荷量，排水量原単位

業 種 名	排水量 m³/百万円・d	BOD g/百万円・d	COD g/百万円・d	SS g/百万円・d	N g/百万円・d	P g/百万円・d
肉製品製造業	0.046	37	17.0	20.9	2.1	0.7
乳製品製造業	0.090	46	24.5	12.3	3.3	0.6
水産缶詰・瓶詰製造業	0.111	265	140.5	93.6	—	—
水産練製品製造業	0.060	94	55.5	30.4	1.7	0.8
ビール製造業	0.069	81	60.8	37.8	4.3	0.6
清酒製造業	0.053	63	39.4	38.2	0.8	0.3
蒸留酒・混成酒製造業	0.037	42	46.4	23.2	4.7	1.1

（日本下水道協会，流域別下水道整備総合計画調査指針と解説）

表6.5 家畜排水

項 目	表示単位	牛	豚
水量	l/頭·d	45〜135	13.5
BOD	g/頭·d	640	200
COD	〃	530	130
SS	〃	3,000	700
T-N	〃	378	40
T-P	〃	56	25

前後と考えてよい．

b. 工 場 排 水

工場排水の汚濁負荷量原単位は，出荷額100万円当り1日当りのg数で示される．その例を表6.4に示す．

c. 家 畜 排 水

家畜排水の汚濁負荷量，排水量原単位を表6.5に示す．

d. 自然汚濁負荷量

自然汚濁負荷量原単位は，BOD (COD) $0.5〜1.0 \text{ kg/km}^2\cdot\text{d}$ 程度と見込んでいる．

7. 下水処理

7.1 総　　説

7.1.1 計画下水量
a. 概　　説
処理場の計画下水量は，1次処理，2次処理および高度処理の各施設に対して，表7.1を標準とする．

表7.1　計画下水道

施設		下水量	計画下水量		摘　　要
			分流式下水道	合流式下水道	
1次処理	処理施設		計画1日最大汚水量	計画1日最大汚水量	最初沈殿池
	導水管きょ		計画時間最大汚水量	雨天時計画汚水量	合流式下水道の消毒設備は雨天時計画汚水量とする
2次処理	処理施設		計画1日最大汚水量	計画1日最大汚水量	反応タンク，最終沈殿池など
	導水管きょ		計画時間最大汚水量	計画時間最大汚水量	
高度処理	処理施設		計画1日最大汚水量	計画1日最大汚水量	反応タンクなど
	導水管きょ		計画時間最大汚水量	計画時間最大汚水量	

（日本下水道協会，下水道施設計画・設計指針と解説）

b. 合流式の雨天時下水量
合流式における雨天時の下水量については，4.1.1 b項で述べたように，一般に計画時間最大汚水量の3倍以上を汚水として取扱い，計画下水量としている．これ以外の場合には，処理施設に対しては計画1日最大汚水量，導水管きょに対しては計画時間最大汚水量を計画下水量としている．

7.1.2 処理方法の決定

処理方法は，次の各項を考慮し，表7.2を参考にして定めなければならない．
(1) 生下水の水質および水量
(2) 放流水域の水質の許容限度
(3) 放流水域の現在および将来の利用状況
(4) 処理水の利用計画
(5) 処理場の立地条件，建設費，維持管理費，操作の難易
(6) 法律に基づく規制

表7.2 処理方式別の除去率

処理過程	処理方式	BOD (%)	SS (%)	COD (%)
1次処理	沈殿法	30〜50	40〜60	30〜50
2次処理	標準活性汚泥法	*90〜95	*90〜95	*75〜85

(備考) 標準活性汚泥法のほか，同程度に下水を処理することができる方式として，酸素活性汚泥法，および1次処理を省略したオキシデーションディッチ法，長時間エアレーション法，回分式活性汚泥法などがある．
(注) *印の数値は総合除去率．
(日本下水道協会，下水道施設計画・設計指針と解説)

〔例題1〕

流量 $5\,m^3/s$，BOD $2\,mg/l$ の河川に，流量 $50,000\,m^3/d$，BOD $150\,mg/l$ の下水を処理後に放流し，河川のBODを mg/l以下に保とうとするには，どんな処理法が適当であるか．

(解)

河川流量は $5\,m^3/s = 5\,m^3/s \times 86,400\,s/d = 432,000\,m^3/d$ である．

放流水のBODを x (mg/l) とすれば，BOD量の収支をとると，mg/l = g/m^3 であるから，

吐き口より上流での河川のBOD量：$2\,g/m^3 \times 432,000\,m^3/d$

放流水のBOD量：$x\,(g/m^3) \times 50,000\,m^3/d$

吐き口より下流での河川のBOD量：$3\,g/m^3 \times (432,000 + 50,000)\,m^3/d$ 以下

なる関係より，次式が成立する．

$$2 \times 432,000 + x \times 50,000 \geq 3 \times (432,000 + 50,000)$$

$$\therefore x \leq 11.6$$

```
                    BOD 2mg/l
                    432,000 m³/d
            ↓
        河
        川   BOD xmg/l  ┌──────┐  BOD 150mg/l
            ←──────────│下水処 │←──────────
                       │理 場 │
            50,000m³/d │      │  50,000m³/d
                       └──────┘
            ↓
            BOD 3mg/l 以下
            482,000 m³/d
```

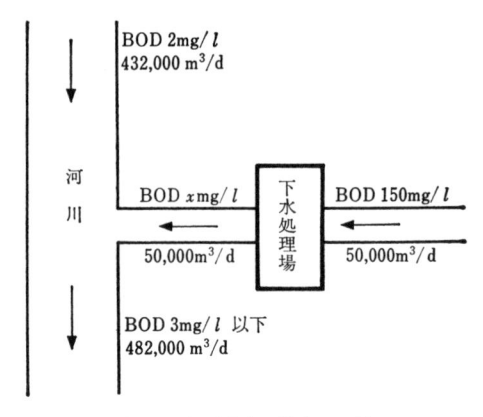

図7.1　処理方式の決定の一例

　したがって，下水処理場における処理水BODを11.6 mg/l以下にする必要がある．標準活性汚泥法での処理水は10〜20 mg/lであるが，常に11.6 mg/l以下に保つことは困難である．そこで，処理水の仕上げの処理として急速砂沪過を付加して，安定的に処理水BODを11.6 mg/l以下にすることが必要である．
　ただし，この計算では，放流水と河川水が完全混合することを仮定している（図7.1）．

7.2　予備処理

7.2.1　スクリーン

a.　概　　説

　スクリーン（screen）は，下水中の粗い浮遊物質を機械的に除去するものであり，これによって除かれたものをスクリーンかすとよぶ．原則として沈砂池の前に粗目スクリーンを，沈砂池の後に細目スクリーンを設ける．細目スクリーンの篩目の有効間隙は，雨水用が25〜50 mm，汚水用が15〜25 mm（平鋼製格子形バースクリーン）である．粗目スクリーンの有効間隙は50〜150 mmである．スクリーン通過速度は0.45 m/sくらいを限度とする．
　スクリーンかすは埋立てや焼却によって処分される．

b. 分　　　類

スクリーンには，バースクリーン，格子スクリーンおよび編み目スクリーンの3種がある．バースクリーンは棒状のものを縦に平行に並べたもの，格子スクリーンはそれに横棒を組合わせて格子状にしたものである．一般に，平鋼製格子形のバースクリーンが最も多く使用される．

スクリーンは，また，固定スクリーンと可動スクリーンに分類される．固定スクリーンはバースクリーンと格子スクリーンに限られ，水平に対して70度程度の傾斜面とする．可動スクリーンには編み目スクリーンが用いられる．

c. 通過流速

スクリーン部分を通過する流速を大きくとると，沈砂池の効率を妨げ，また手かきの場合には流勢によって作業が困難となり，機械かき揚げの場合にはかき取ったスクリーンかすを流し去ることになるので，0.45 m/s くらいを限度とする．

d. スクリーンかす

絶えずかき取らねばならない．手かきによる場合と機械かき揚げ装置による場合とがある．スクリーンかすには有機物と無機物とが混在しており，そのままでは処分が困難なので，洗浄，脱水あるいは焼却処理した後に搬出して処分する．スクリーンかすの量は，一般に 1,000 m^3 当り，分流式下水道の場合には，汚水で 0.001～0.015 m^3，雨水で 0.001～0.03 m^3，合流式下水道の場合は 0.001～0.015 m^3 程度である．

7.2.2　粉砕装置

a. 概　　　説

下水中の浮遊固形物を，流入下水とともに粉砕して流下させる装置である．臭気を減らし，スクリーンかすの処理・処分を必要としなくなるが，固形物を系外に取り出さないため，汚泥消化タンクでのスカム発生を助長する．沈砂池の下流側，ポンプ設備の上流側に設ける．わが国では，住宅団地などの小規模下水処理場で用いられることがある．

b. 縦形固定刃内蔵式粉砕装置

粉砕装置は2基以上設けて1基を予備とするか，バイパスを設けてこれにスクリーンを置くかして，故障に備える．また，土砂などによって切断刃を損傷しな

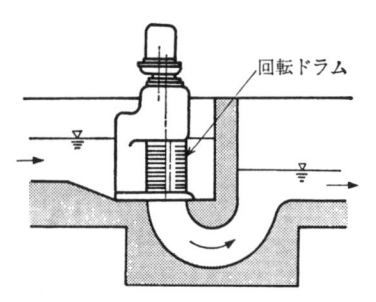

図7.2 縦形回転刃開放式粉砕装置 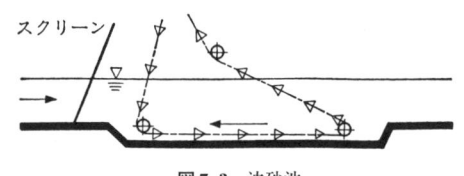　　　　図7.3 沈砂池

いように，沈砂池の下流側に設ける．

　縦形回転刃内蔵式粉砕装置（comminuting screen）は，密閉式で，固形物は3〜5 mm以下に粉砕される．容量は36 m^3/hが標準で，前後の水位差によって流下し，処理される．

　縦形回転刃開放式粉砕装置は，固定刃と回転刃が，他の部分を分解せずに，直接外側から取付け，取外しができる．固形物は10 mm以下に粉砕される．前後の水位差によって流下し，動力は粉砕作業に使用される．細断機（comminutor）とよばれる（図7.2）．

7.2.3 沈　砂　池
a. 概　説

　沈砂池（grit chamber）は，下水の流速を低下させて，下水中の砂礫を沈殿させる池である（図7.3）．砂礫以外の有機物はなるべく沈殿しないようにする．流速0.3 m/s，滞留時間30〜60 sを標準とする．池は，

$$(断面積) = (下水流量)/(流速)$$

$$(長さ) = (流速) \times (滞留時間)$$

によって，大きさがほぼ決定される．底部こう配は1/100〜2/100とし，深さ30 cm以上の砂だまりを設ける．

　沈砂は埋立てに用いられることが多い．

　エアレーション沈砂池の送気量は，沈砂池の長さ1 mに対し5〜13 l/sの割合を標準とし，対流時間は1〜3 min，有効水深は2〜4 mとする．

b. 形状および構造

合流式下水道では，雨水ますに土砂だめを設けて土砂の流入を防いでいるが，ポンプ場や処理場にはかなりの土砂が流入して，ポンプを損傷したり，沈殿汚泥に混入して消化タンクの底部に沈積するおそれがある．また，分流式下水道でも土砂の流入がかなり見受けられるのが実情である．これらの土砂は腐敗性のものでないから，一般の下水処理を行う前に，別途に切り離して除去するのがよい．なお，ポンプ運転の場合，沈砂池は一種の調整池にもなる．

形状は長方形または正方形などとし，池数は，池の清掃などのため，2池以上を原則とする．鉄筋コンクリート造とし，池の清掃・修理などのための排水を容易にするように，流入部に向かって池底に1/100～2/100のこう配をつける．除砂設備を設けるときは，こう配をつける必要は少ない．合流式下水道においては，下水流量の変化が大きいので，流量に応じて稼働する沈砂池を変えられるようにして，所期の目的を達成することが必要である．そうでないと，流量の小さな晴天時に，無機物のほか有機物まで沈殿して，本来の目的に添えなくなるおそれがある．

沈砂池は，比重2.65，径0.2 mm以上相当の土砂を除去するものとし，一般に池内の平均流速は0.3 m/sを標準とする．滞留時間は30～60 sが標準であるが，60 s前後のものが多い．有効水深は流入管きょの有効水深に従うことを原則とし，深さ30 cm以上の砂だまりを設ける．粒子の沈降速度は表7.3に示すとおりであり，比重2.65，直径0.2 mmの石英砂の沈降速度は21.0 mm/sであることがわかる．

さて，有効水深と平均流速が決まれば，次式から所要断面積が決まる．

$$A = Q/v$$

ここで，A：断面積 (m^2)，Q：下水流量 (m^3/s)，v：平均流速 (m/s) である．次に，次式から有効長が求まり，所要の全幅が決まる．

表7.3　粒子の沈降速度 (mm/s)

粒子の材質	比重	直　径 (mm)						
		1.00	0.50	0.20	0.10	0.05	0.01	0.005
石　英　砂	2.65	100	53	21.0	7.4	1.7	0.069	0.017
家庭下水の浮遊物質	1.20	12.0	6.2	2.20	0.80	0.26	0.0084	0.0021

$$L = v \cdot t$$

ここで，L：有効長 (m)，v：平均流速 (m/s)，t：滞留時間 (s) である．長方形池の場合，有効水深 1.5 ～ 2.0 m のとき，有効長 10 ～ 20 m，前後のアプローチ 3 ～ 6 m 程度となる．

沈砂池の設計は水面積負荷に基づいて行う．最小除去粒径 0.2 mm の汚水沈砂池で約 1,800 $m^3/m^2 \cdot d$，最小除去粒径 0.4 mm の雨水沈砂池で約 3,600 $m^3/m^2 \cdot d$ を標準としている．

沈砂は，人力または機械力によって除去する．人力による場合は，特に小規模で，長方形断面の池を空にして掃除する．しかしながら，池には機械的除砂設備を設けることが望ましい．

除砂設備としては，① ミーダー式沈砂かき寄せ機，② グラブ式揚砂機，③ バケットコンベヤ（リンクベルト式など）などが用いられる．

沈砂量は，一般に下水量 1,000 m^3 当り，分流式下水道の場合は汚水で 0.001 ～ 0.02 m^3 程度，雨水で 0.001 ～ 0.05 m^3 程度であり，合流式下水道の場合は 0.001 ～ 0.02 m^3 程度である．沈砂は，なるべく水洗いしてから，埋立てなどの最終処分に付すのが望ましい．

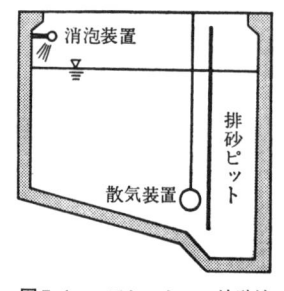

c. **エアレーション沈砂池**

エアレーション沈砂池 (aerated grit chamber) は，沈砂池底部のディフューザーによって空気を送り込むことにより沈砂池内の下水に旋回流を与え，その遠心力で重い土砂だけを分離させるものである．従来の沈砂池と異なり，一種の洗浄作用によって沈殿した土砂には有機物が比較的少なく，予備エアレーションの効果も多少加わる．

なお，この沈砂池は，比較的流量の一定な汚水沈砂池に対しては有効であるが，流量変化の大きい雨水沈砂池には運転操作上不適当である（図 7.4）．

余裕高は 50 cm を標準とし，池の底部には 30 cm 以上の砂だまりを設ける．一般に小規模の処理場で採用されることが多い．

図 7.4 エアレーション沈砂池

7.2.4 予備エアレーションタンク

a. 概　　説

予備エアレーションタンク (pre-aeration tank) は，最初沈殿池における下水の嫌気化防止，油脂の除去および沈殿効率の向上を目的として，最初沈殿池の前に設けられることがある．

b. 構造および運転方式

長方形または正方形とし，タンクの構造は反応タンクに準ずる．エアレーション方式は旋回流式が多い．送気量は計画１日最大汚水量と同量程度とし，エアレーション時間は余剰汚泥を返送しない場合は $10 \sim 20$ min，返送する場合は $20 \sim 30$ min とする．汚泥返送量は計画１日最大汚水量の $1 \sim 2\%$ とする．

7.2.5 汚水調整池

a. 概　　説

汚水調整池 (equalization tank) は，晴天時の汚水の流量および水質の変動を吸収し，均一化することによって，処理効率や処理水の水質の向上を図る目的で設けられる．わが国では，住宅団地の小規模下水処理場に建設されるようになっている．

b. 設置方式

汚水調整池は沈砂池の下流側に設ける．流入汚水を全量タンクに収容し，１日平均汚水量を下流側に流す方式（インライン方式）と，１日平均汚水量を超える分だけタンクに収容し，流入汚水量が減少したときに下流側に流す方式（サイドライン方式）とある．前者はタンクの容量が，後者にくらべてかなり大きくなるが，均等化がかなり期待できるので，前者の方式を採用することが望ましい．

c. 容量算出例

インライン方式での調整池容量算出の例を示す（表7.4）．１日最大汚水量を１時間当りの流量に換算したものに基づいて，マスカーブ法（流量累加曲線法）を用いて必要貯水量を決定する．まず，１時間当りの流入水量を時間平均流入水量で割り，流入汚水の流量変動率 R_i を求める．次に汚水調整池を設置後の汚水流量変動率 R_m を設定する．インライン方式では $R_m = 1$ となる．任意時間における流入汚水量の変動率 R_i とし，流量調整後の汚水変動率を $R_m (= 1.0)$ とし，

7. 下水処理

表7.4 流量・累加流量表

時刻	変動率 R_i	$R_i - R_m$	$\Sigma (R_i - R_m)$	時刻	変動率 R_i	$R_i - R_m$	$\Sigma (R_i - R_m)$	摘要
0	0.8	-0.2	-0.2	12	1.0	0	1.7*	必要貯水量
1	0.6	-0.4	-0.6	13	0.8	-0.2	1.5	$= (2.5 + 1.7) \times Q_a$
2	0.5	-0.5	-1.1	14	0.7	-0.3	1.2	$Q_a = 10{,}000 \text{ m}^3/\text{d}$ の
3	0.5	-0.5	-1.6	15	0.5	-0.5	0.7	場合
4	0.6	-0.4	-2.0	16	0.5	-0.5	0.2	$V = 4.2 \times 10{,}000/24$
5	0.7	-0.3	-2.3	17	0.7	-0.3	-0.1	$= 1{,}750 \text{ m}^3$
6	0.8	-0.2	-2.5	18	0.8	-0.2	-0.3	
7	1.0	0	-2.5*	19	1.0	0	-0.3	*：$\Sigma (R_i - R_m)$ の
8	2.0	1.0	-1.5	20	1.2	0.2	-0.1	最大値・最小値
9	3.0	2.0	0.5	21	1.3	0.3	-0.2	
10	2.0	1.0	1.5	22	1.2	0.2	0.4	
11	1.2	0.2	1.7	23	0.8	-0.2	0.2	

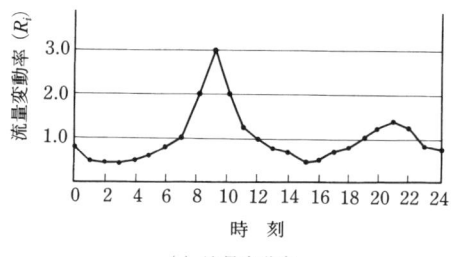

(a) 流量変動率

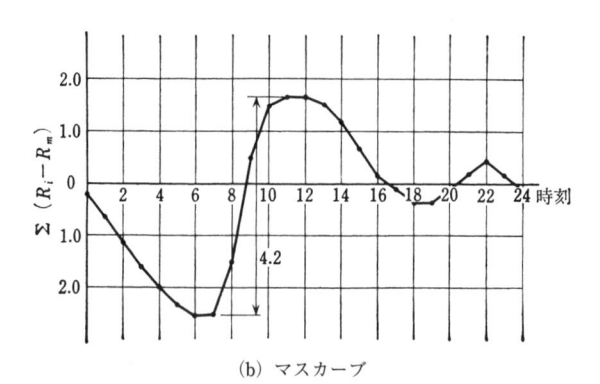

(b) マスカーブ

図7.5 調整池容量算出例

$\sum(R_i - R_m)$ を求めて図化する．必要貯水量は，流量変動差の和の最大値と最小値の和に平均流入汚水量を乗ずることにより算出できる．平均流入汚水量を Q_a とすると，$[\max\{\sum(R_i - R_m)\} + \min\{\sum(R_i - R_m)\}] \cdot Q_a$ となる．

7.3 沈 殿 処 理

7.3.1 雨水滞水池（雨水沈殿池）
a. 概　　説
イギリスにおいては，合流式下水道による公共用水域の汚濁防止のため，晴天時下水量の3倍を超える下水は，雨水沈殿池（storm tank）に導いて沈殿による部分処理を行ったり，あるいは降雨終了後に雨水沈殿池に貯留した下水を処理系統にもどして完全処理を行うように，雨水沈殿池が下水処理場内に設けられている．池の容量は晴天時下水量の6時間分としている．

わが国においては，合流式下水道の雨天時越流負荷の削減のため，イギリスの例と同様に，雨水を一時的に貯留し，晴天時に処理施設へ送水する雨水滞水池（storm-water reservoir）が設けられている．ただし，雨水滞水池での沈殿による部分処理は行わないことが多い．

b. 機　　能
流入下水量が晴天時下水量の3倍程度以上になった際には，それ以上の下水は雨水滞水池に貯留されて，流入下水量が減少したときに処理施設に送られて処理される．

池の容量は，合流式下水道における晴天時に公共水域への汚濁負荷を，分流式下水道と同程度とするように算出する．池容量は，降雨量や路面負荷などのデータを用いて，雨天時に越流するBOD負荷を年間のBOD負荷の数％以下になるように算出する．

c. 構　　造
池の形状は長方形または正方形とし，排水および洗浄を容易にするため排水ピットを設けるとともに，排水ピットに向かって池底に下りこう配をつける．雨水滞水池の貯留水は，降雨終了後に処理施設へ送水するため，送水完了時に池内の洗浄をする必要があり，洗浄用のフラッシュ水の貯水槽を設ける．雨水滞水池は

2系統以上であることが望ましく，各系統に円滑に分水できるように流入部にせきやゲートが設置される．

なお，わが国の設置例でも汚泥かき寄せ機を有するものもある．

7.3.2　最初沈殿池
a.　概　　説

最初沈殿池（primary sedimentation tank）は，主として有機性浮遊物質を沈殿除去する．沈殿時間は$1.5 \sim 3.0$ h，有効水深は$2.5 \sim 4.0$ m，水面上50 cm程度の余裕高をとり，水面積負荷は合流式では$25 \sim 50$ m^3/m^2·d，分流式では$35 \sim 70$ m^3/m^2·dを標準とする．入口では，流入水を断面全体に分布させ，かつ，そのエネルギーを減ずるために整流装置を設ける．出口は越流ぜきとし，その上縁から全幅にわたって一様に越流させ，できるだけスカム除去装置を設ける．排泥のため，一般に汚泥かき寄せ機を設ける．

浮遊物質の$40 \sim 60$％，BODの$30 \sim 50$％，CODの$30 \sim 50$％が除去される．

b.　形　　状

形状は長方形，正方形，円形などがあり，水流からいうと平行流，放射流がある．正方形池，円形池では，一辺の長さまたは直径と深さの比は$6:1 \sim 12:1$とする．長方形池では，長さと幅との比は$3:1$以上とする．円形池は，容積と沈殿時間が同一の長方形池と比較すると，越流長が大となり，接近流速が小となり，均等な流速が得られやすい長所をもつが，土地がむだになり，工費が余計かかり，風の影響を受けやすい短所をもっている．池数は，原則として2池以上とする．

c.　理想的長方形水平流沈殿池水理（Hazen理論）

理想的長方形水平流沈殿池は，次の仮定を満たす池である．

（1）流れの方向が水平で，沈殿帯のすべての部分で水平流速vが一定で，流下方向の混合のない押出し流れをなしている．

（2）流入帯から沈殿帯に入る際，各径の懸濁粒子濃度が全水深を通じて一様である．

（3）沈積帯にいったん沈下した粒子は再浮上しない．

図7.6に示すように，沈殿帯の水面に流入して，流出帯にかかるところでちょうど沈積帯に達する粒子沈降速度をw_0とすると，$w \geqq w_0$である粒子はすべて除

7.3 沈殿処理

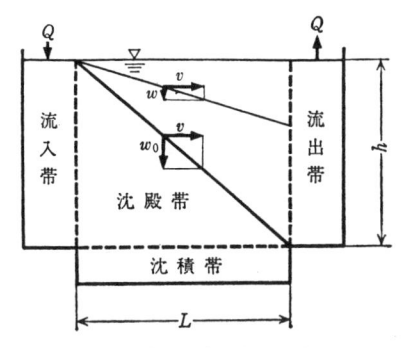

図7.6 理想的長方形水平流沈殿池

去され，除去率 E は，$E=1$ となる．
また，$w < w_0$ の粒子の除去率は，

$$E = w/w_0 \tag{7.1}$$

で示されることが，図7.6から理解できる．
沈殿池の滞留時間は

$$t = L/v \tag{7.2}$$

ここで，t：滞留時間（d），L：沈殿帯の長さ（m），v：水平流速（m/s）であるから，

$$w_0 = \frac{h}{t} = \frac{h}{L/v} \tag{7.3}$$

ここで，h：沈殿帯の水深（m）である．
また，流量 Q については次式が成立する．

$$Q = v \cdot B \cdot h \tag{7.4}$$

ここで，B：池の幅（m）である．

$$\therefore h = \frac{Q}{vB}$$

上式を式（7.3）に代入すると，次式を得る．

$$w_0 = \frac{Q}{(vB)(L/v)} = \frac{Q}{LB} = \frac{Q}{A} \tag{7.5}$$

ここで，A：水面積（m^2）である．
Q/A は，水面積負荷（surface loading）または表面負荷率とよばれ，沈殿池の

除去率を求める場合の基準となる指標値である．

以上をまとめると，

　　$w < w_0 = Q/A$ のときは，
$$E = \frac{w}{w_0} = \frac{w}{Q/A}$$
　　$w \geqq w_0 = Q/A$ のときは，
$$E = 1$$
となる．

　アメリカでは，最大許容水面積負荷を表7.5のように考えている．わが国の場合では，最初沈殿池の水面積負荷は 35〜70 m^3/m^2・d が標準であり，最終沈殿池では7.3.3a項で示すように，20〜30 m^3/m^2・d が標準となっている．

　実際の池では，池内の偏流，乱れ，洗掘などの理想的流況からの偏りが大きく除去率に影響するので，それらを加味して設計を行わねばならない．しかしながら，一般には理想的沈殿池の理論に基づき，かつ，各種の実験結果を参考にして定められた上記の水面積負荷の標準値によって設計する．

表7.5　最大許容水面積負荷（アメリカ）

沈殿池の種類	最大許容水面積負荷	
	gal/ft^2・d	m^3/m^2・d
沈殿放流	600	24
2次処理を行うもの	1,000	41
最終沈殿池	800〜1,000	31〜41

d.　構　　造

　水密な鉄筋コンクリート造とし，地下水位の高いところでは，浮力に対して安全な構造とする．

　入口の整流設備としては，平行流の場合，越流形流入口では有孔整流壁を，非越流形流入口では阻流板および整流壁を設け，放射流の場合は流入口の周囲に円筒形の整流板を設ける（図7.7）．

　越流ぜきは，V形の切りこみのある合成樹脂板を使用し，波形板のすえ付け高さはステンレス製ボルトで調整できるようにする．流出とい（樋）を設け，せき

図7.7　非越流形流入口　　　　図7.8　スカム除去装置

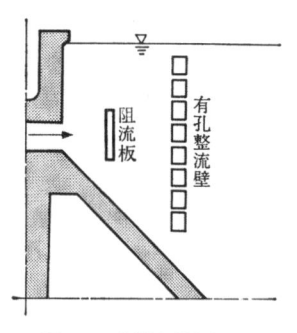

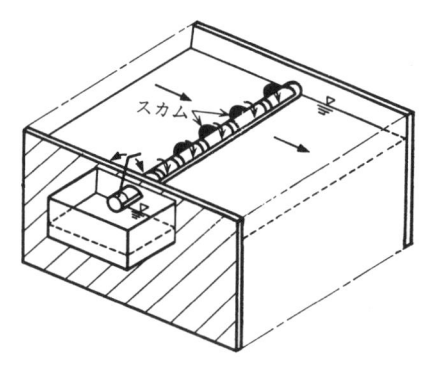

長を長くして，越流負荷を小さくする方法も行われている．せきの越流負荷は 250 m³/m·d 程度がよい．スカム止め板は，流出装置の手前に水面上 10 cm，水面下 30〜40 cm 程度に設け，人力または機械力でスカム（scam）を除去するよう設備する（図7.8）．

沈殿汚泥が長時間堆積すると腐敗し，下水を腐敗性にしたり，沈殿汚泥が発生ガスにより浮上したりして不都合を生ずる．このため，機械でかき寄せて除去しなくてはならない．汚泥かき寄せ機は，長方形池の場合はチェーンフライト式 (chain flight sludge collector) またはミーダー式 (Meider type sludge collector) を用い，円形池および正方形池の場合は回転式とする．回転式の場合の駆動方式には，中央駆動式と周辺駆動式とがある．回転式では，2本または4本のアームに汚泥かき寄せ板をつけ，池の底部を回転しながら汚泥を中心部にかき寄せる．

汚泥の引抜きは，ポンプで行うことを基本として，排泥管の口径は，管の閉塞を防ぐため 150 mm 以上とする．

〔例題2〕

処理人口 225,000 人，1人1日最大汚水量 300 l/人·d の分流式下水道における最初沈殿池を設計せよ．

(解)

計画1日最大汚水量は，地下水浸入量を 15% とすれば，

$$0.3 \text{ m}^3/\text{人·d} \times 225{,}000 \text{人} \times 1.15 = 77{,}625 \text{ m}^3/\text{d}$$

となる．

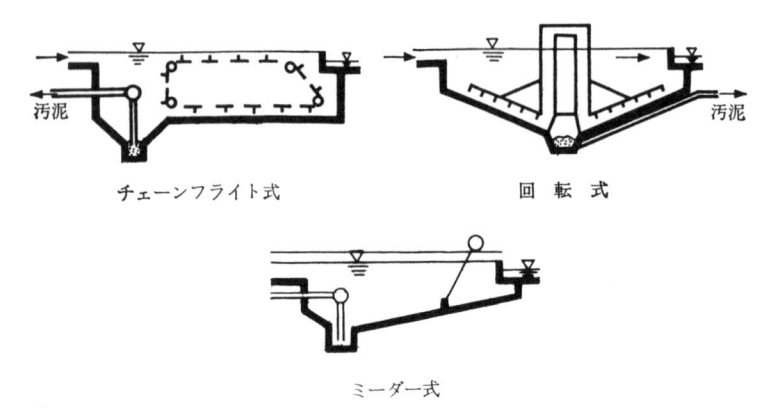

図7.9 沈殿池から汚泥の引抜き

チェーンフライト式　　回転式　　ミーダー式

池の形状は長方形池とする.

水面積負荷を $40\,\mathrm{m^3/m^2 \cdot d}$ とすると，必要水面積は次のとおりである.

$$77,625 \div 40 = 1,940\,\mathrm{m^2}$$

汚泥かき寄せ機の形状から幅 $8.0\,\mathrm{m}$ とすると，池の長さは $1,940 \div 8 = 243\,\mathrm{m}$ となる.

長方形池の長さと幅との比を $5:1$ とし，有効水深を $3.5\,\mathrm{m}$ とすると，池の寸法，容量は次のとおりとなる.

寸　法：　幅 $8.0\,\mathrm{m} \times$ 長さ $40.0\,\mathrm{m} \times$ 水深 $3.5\,\mathrm{m} \times 6$ 池

水面積：　$8 \times 40 \times 6 = 1,920\,\mathrm{m^2}$

容　量：　$8 \times 40 \times 3.5 \times 6 = 6,720\,\mathrm{m^3}$

〈検算〉

水面積負荷：$77,625 \div 1,920 = 40.4\,\mathrm{m^3/m^2 \cdot d}$

沈殿時間：$\dfrac{6,720}{77,625} \times 24 = 2.1$ 時間

以上の検討結果より設計諸元が適切であるため，次の形状・寸法とする.

形　状：　水平平行流長方形沈殿池

寸　法：　幅 $8.0\,\mathrm{m} \times$ 長さ $40.0\,\mathrm{m} \times$ 水深 $3.5\,\mathrm{m}$

池　数：　6池

7.3.3 最終沈殿池

a. 概　説

散水沪床や反応タンクの流出水は，最終沈殿池 (final sedimentation tank) で処理される．最初沈殿池と大体同じ構造である．有効水深 2.5～4.0 m，水面積負荷 20～30 $m^3/m^2 \cdot d$ を標準とする．出口は越流ぜきとし，特に長方形池では流出といなどを設けるとよい．活性汚泥法の場合には，汚泥を常時除去しなければならない．

b. 越流ぜき

せき（堰）上の越流水深が大きいと接近流速が大きくなり，沈殿性物質の浮上を伴うこととなる．したがって，せきの単位長さ当り越流量（越流負荷）を小さくして，この傾向を制限することが大切である．活性汚泥の場合には，特にこの配慮が必要である．越流負荷は 150 $m^3/m \cdot d$ を標準とする．

越流負荷を考慮して所要のせき長を決めると，せきの長さが大きくなるので，長方形池などは流出といを設けるとよい（図 7.10）．

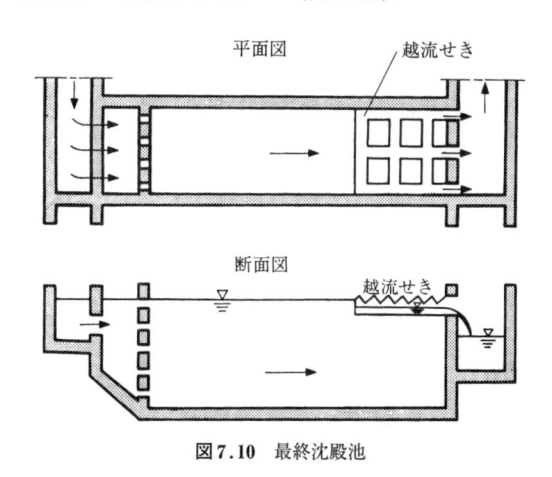

図 7.10　最終沈殿池

7.3.4 薬品沈殿法

a. 概　説

薬品沈殿法 (chemical sedimentation) は，普通沈殿では期待できないようなもの，すなわち浮遊物質のうちごく微細なものと比重の小さなものに対して，沈

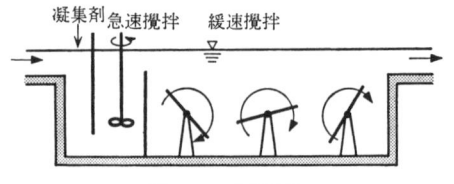

図7.11 薬品沈殿

殿を助長するために凝集剤を使用するものである．硫酸アルミニウム，硫酸第2鉄，硫酸第1鉄，塩化第2鉄，石灰などが用いられる．薬品混合のための急速攪拌，フロック成長のための緩速攪拌，フロックの沈降分離の3操作が必要である．これらの3操作を単一装置内で行う高速沈殿池が用いられることもある．

沈殿汚泥は，汚泥かき寄せ機によって除去される．処理効果は普通沈殿と生物処理との中間に位置し，浮遊物質の80～90％，BODの65～80％が除去される．

b. 原　　理

水中に存在するコロイド粒子の間には，ファン・デル・ワールス（van der Waals）力による引力が働いている．したがって，それ以外の力が働いていなければコロイド粒子は凝集するはずである．しかしながら，コロイド粒子は一般に電荷を帯びているので，静電的な斥力が働き，これが凝集を妨げている．

凝集処理の対象となる水中のコロイド粒子には濁度成分，色度成分，細菌などがあるが，これらは一般に負に帯電している．この表面電荷は，ゼータ電位で，$-20 \sim -30$ mV程度であるが，この系に反対電荷のイオンやコロイドなどを添加して± 5 mV程度に中和すると，引力が斥力を上回って凝集するようになる．

c. 凝　集　剤

凝集処理に最もよく用いられる凝集剤は，アルミニウム塩と鉄塩である．硫酸アルミニウムの場合についてみると，水中で電離した硫酸アルミニウムは，水中のアルカリ成分と反応して水酸化アルミニウムをつくる．

$$Al_2(SO_4)_3 \cdot 18 H_2O + 3 Ca(HCO_3)_2$$
$$\longrightarrow 2 Al(OH)_3 + 3 CaSO_4 + 6 CO_2 + 18 H_2O$$
$$Al_2(SO_4)_3 \cdot 18 H_2O + 6 NaOH$$

$$\longrightarrow 2\,Al(OH)_3 + 3\,Na_2SO_4 + 18\,H_2O$$
$$Al_2(SO_4)_3 \cdot 18\,H_2O + 3\,Ca(OH)_2$$
$$\longrightarrow 2\,Al(OH)_3 + 3\,CaSO_4 + 18\,H_2O$$

この水酸化アルミニウムは,系のpHにより異なる種々の重合体を形成する.一般に,$Al_8(OH)_{20}^{4+}$の存在まで認められている.このポリマーとしての水酸化アルミニウムが負に帯電したコロイド粒子に吸着され,その正電荷によって粒子の電荷が中和される.さらに,水酸化アルミニウムは吸着力が強いから粒子の結合が進み,大きなフロックが形成される.

硫酸アルミニウムなどの凝集剤のほかに,ポリアクリル酸ナトリウム,ポリ塩化アルミニウム(PAC)などの高分子凝集剤が用いられる.有機高分子凝集剤の凝集反応は,電荷の中和によるだけでなく,吸着現象に基づく粒子間の架橋作用によって行われる.

主要な凝集反応を表7.6に示す.

表7.6 薬品凝集反応

凝集剤	化 学 反 応	好適pH
硫酸アルミニウム	$Al_2(SO_4)_3 + 3\,Ca(HCO_3)_2 \rightleftarrows 3\,CaSO_4 + 2\,Al_2(SO_4)_3 + 6\,CO_2$	6.0〜8.5
硫酸第1鉄+消石灰	$FeSO_4 \cdot 7\,H_2O + Ca(HCO_3)_2 \rightleftarrows Fe(HCO_3)_2 + CaSO_4 + 7\,H_2O$ $Fe(HCO_3)_2 + 2\,Ca(HCO_3)_2 \rightleftarrows Fe(OH)_2 + 2\,CaCO_3 + 2\,H_2O$ $4\,Fe(OH)_2 + O_2 + 2\,H_2O \rightleftarrows 4\,Fe(OH)_3$	9.0
硫酸第2鉄+消石灰	$Fe_2(SO_4)_3 + 3\,Ca(OH)_2 \rightleftarrows CaSO_4 + 2\,Fe(OH)_3$	8.0〜8.5
塩素処理硫酸第1鉄	$6(FeSO_4 \cdot 7\,H_2O) + 3\,Cl_2 \rightleftarrows 2\,FeCl_3 + 2\,Fe_2(SO_4)_3 + 42\,H_2O$	5.5および 9.0〜9.5
塩化第2鉄	$FeCl_3 + 3\,H_2O \rightleftarrows Fe(OH)_3 + 3\,H^+ + 3\,Cl^-$ $3\,H^+ + 3\,HCO_3^- \rightleftarrows 3\,H_2CO_3$	7.0以下 (5.5最適)
塩化第2鉄+消石灰	$2\,FeCl_3 + 3\,Ca(OH)_2 \rightleftarrows 3\,CaCl_2 + 2\,Fe(OH)_3$	
消石灰	$Ca(OH)_2 + H_2CO_3 \rightleftarrows CaCO_3 + 2\,H_2O$ $Ca(OH)_2 + Ca(HCO_3)_2 \rightleftarrows 2\,CaCO_3 + 2\,H_2O$	
塩化第1鉄	$4\,FeCl_2 + 4\,Ca(OH)_2 + O_2 + H_2O \rightleftarrows 4\,Fe(OH)_3 + 4\,CaCl_2$	

7.4 生物学的処理(2次処理)

7.4.1 概 説

生物学的処理(biological treatment. 2次処理 secondary treatment)は都市下

水の処理に古くから利用されている方法であり，下水中の微生物（主として細菌）の働きによって下水中の有機物を分解する．生物学的処理には好気性処理と嫌気性処理とがある．前者は，下水中に溶存酸素が存在するとき活動する微生物によって有機物を分解して，最終生成物としてCO_2, H_2O, NO_3などが得られる方法である．後者は，下水中に溶存酸素が存在しなかったり，不十分なときに活動する偏性または通性嫌気性微生物によって有機物が分解して，中間生成物として有機酸やアルコールなどが，また最終生成物としてメタン，CO_2, N_2などが得られる方法である．これらの微生物は環境の変化に敏感であり，温度，pH，DO，有毒物質，摂取された有機物の性状などの影響を受ける．そこで，これらの微生物が活動しやすいような環境をつくることが，生物学的処理を成功させる鍵である．

　生物学的処理は，化学処理とくらべると，処理水の水質が安定しており，多量の汚泥を生成することがないなどの利点をもっているので，下水処理に古くから利用されている（表7.7）．

表7.7 処理方式別処理場数

処理方式 計画晴天時日最大処理水量（千m³/日）	1次沈殿法	2次処理												高度処理	計
		高速散水沪床法	高速エアレーション沈殿池	活性汚泥法						回転生物接触法	接触エアレーション法	好気性沪床法	その他		
				標準	ステップ	長時間	酸素	循環変法	回分式	オキシデイシヨンデイツチ						
5未満	1	1		52		13	3	15	53	295	12	17	11	10	(39)	483
5〜10		1	2	55		2	2	3	3	48	6		1		(12)	121
10〜50	1	2	5	292	9	3	2	13	3	23	5			1	(33)	359
50〜100				122	12		1	2								137
100〜500			1	154	5		1	3		10					(44)	173
500以上				20	1										(4)	21
計	2	4	6	695	27	18	11	43	59	366	23	17	12	11	(143)	1,294

（建設省，1998年）

7.4.2 生物学的酸化
a. 微生物の増殖

下水の生物学的酸化（biological oxidation）の回分実験を行うと，下水中の有機物（BOD）の減少と微生物の増殖とについて，図7.12に示すような結果が得られる．この増殖曲線のa-b部分は上に凹であり，微生物が対数的に増殖することを示し，対数増殖相とよばれ，十分な食物が供給される場合に現れる．利用できる食物が不足しはじめると，微生物の増殖速度は次第に低下し，増殖曲線のb-c部分は上に凸となり，ある限界値に近づく（減衰増殖相）．この限界値は利用できる食物の濃度によって変化する．c-d部分は，利用できる食物がつきた後に起こる自己酸化に伴って生じる微生物の減少を表し，内生呼吸相とよばれる．

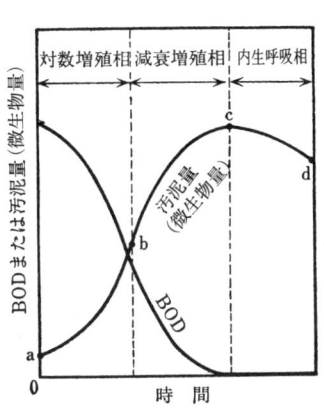

図7.12 BODの減少と微生物の増殖

b. 吸着，合成および自己分解

下水の生物学的酸化は，次の3段階の過程に従って起こる．

(1) 生物学的に活性状態にある生物性汚泥との接触による初期の高速度のBODの除去．

吸着（adsorption）によって生ずる．除去されたBODは，保存食物源として細胞中に蓄積される．除去の程度は，汚泥に対する負荷，汚泥の状態によって左右される．BODの初期除去は接触後20 min以内で起こり，下水では90％にも及ぶ．

(2) 微生物の増殖に比例したBODの除去．

除去されたBODの一部は合成されて新しい細胞物質となり，残りは酸化されて合成のためのエネルギーとして利用される．有機物から新しい細胞物質への転換率は30〜50％と高い値をとる．

〔有機物の酸化〕
$$C_xH_yO_z + O_2 \xrightarrow{\text{酵素}} CO_2 + H_2O - \Delta H \tag{7.6}$$

〔細胞物質の合成〕

$$C_xH_yO_z + NH_3 + O_2 \xrightarrow{\text{酵素}} \text{細胞物質} + CO_2 + H_2O - \Delta H \qquad (7.7)$$

式(7.6)は燃焼を表す式であり，Nが存在すれば硝酸塩，Sが存在すれば硫酸塩を生ずる．式(7.7)は細胞物質の合成を表す式である．細菌の細胞の化学的組成は，$C_5H_7NO_2$で表されるような元素組成を有している．

(3) 内生呼吸 (endogenous respiration) による細胞物質の酸化．

下水中に有機物が少なくなれば，微生物は自己の細胞物質を酸化して生活エネルギーを獲得する．このようにして，汚泥は自己酸化によって分解していく．

〔細胞物質の酸化〕

$$\text{細胞物質} + O_2 \xrightarrow{\text{酵素}} CO_2 + H_2O + NH_3 - \Delta H \qquad (7.8)$$

ΔHはエネルギーで，細胞物質の形成と維持のためにエネルギーを必要とすることを意味している．

これら(1)～(3)の反応を生物学的酸化とよんでいる．このような微生物の代謝を図形化したものが図7.13である．下水中の溶解性有機物が，酸化物 ($CO_2 + H_2O$)，エネルギーおよび細胞物質に変わったことになる．有機物に注目すれば，溶解性有機物が浮遊性有機物（生物性汚泥）に変換する．このようにして生成された生物性汚泥を最終沈殿池で沈殿分離するのが，生物酸化処理の基本である．

微生物細胞中の有機物をBODで表し，これを100とすると，窒素およびリンはおおよそそれぞれ5および1となる．下水中のBOD，窒素，リンの比が100：5：1であれば，過不足なくこれらのものが除去できる．ところが，下水中に窒素やリンは過剰に含まれているので，取り残しの窒素やリンが水域に放流され，富

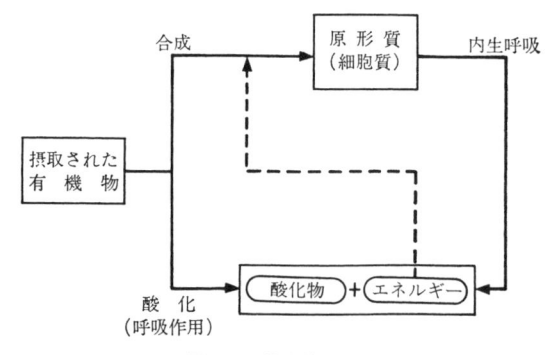

図7.13 微生物の増殖

7.4.3 標準活性汚泥法
a. 概　　説

標準活性汚泥法（conventional activated sludge process）は，処理水質，施設の建設費，運転管理などを総合して，中規模以上の下水処理場で経済的な処理法として最も多く採用されてきた．

標準活性汚泥法のフローは，図7.14のとおりである．反応タンク（reactor）への流入水は，返送汚泥と一緒に反応タンクの流入口に投入され，タンク内で混合されて，一定時間連続的にエアレーションを受ける．その後，活性汚泥混合液は最終沈殿池に流出し，上澄水と沈殿した活性汚泥に固液分離される．最終沈殿池での上澄水は処理水として越流し，沈殿した汚泥は，返送汚泥として反応タンクの流入口に送られ，再び生物処理に使用される．返送汚泥の一部が余剰汚泥として系外に排出される．

標準活性汚泥法では，BOD-SS負荷（BOD-SS loading）$0.2 \sim 0.4$ kg/kg·d，混合液浮遊物質（MLSS）濃度 $1,500 \sim 2,000$ mg/l，SRT $2 \sim 4$ d，送気量 $3 \sim 7$ 倍下水量，エアレーション時間 $6 \sim 8$ h，汚泥返送比 $20 \sim 30\%$ とする．送気は，散気式と機械攪拌式とに大別される．散気式では有効水深 $4 \sim 6$ m とする．エアレーション時間は，反応タンクでの水理学的滞留時間（hydraulic retention time, HRT）とよばれる．

処理水はきわめて清澄で，BOD，CODも相当に減少しているが，窒素化合物の酸化が十分行われない欠点がある．BODの $90 \sim 95\%$，浮遊物質の $90 \sim 95\%$

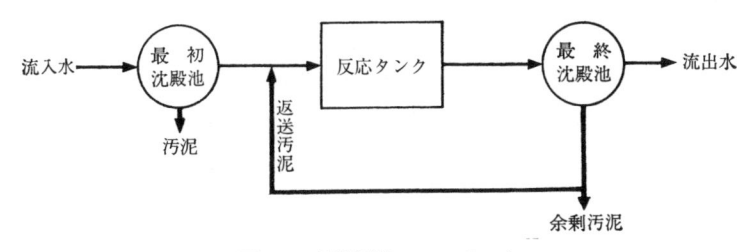

図7.14 活性汚泥のフローシート

が除去される（図7.14）．

b. 沿　革

活性汚泥法は1914年にイギリスで初めて実用化された．その後1939年にステップエアレーション法，1943年にモディファイドエアレーション法，1948年にコンタクトスタビリゼイション法，1955年にハイレートエアレーション法，1957年にオキシデイションディッチ法などの各種変法が開発された．今日では最も標準的な生物学的処理法となっている．

c. 原　理

活性汚泥は，ズーグレア（zooglea）とよばれる細菌およびその他の微生物の増殖によって生ずるゼラチン状のフロックで構成されており，有機物の吸着力，凝集力および酸化力がきわめて強く，また沈降による分離性も非常によい．

この活性汚泥の有する特性を利用して，下水と活性汚泥との混合，攪拌およびエアレーションを行うことによって下水を好気性条件下で安定化させ，浮遊物，コロイド性物質，溶解性物質を沈降しやすい汚泥（活性汚泥）に変え，沈殿によって固液分離を行うのが活性汚泥法である．

d. BOD 負荷

反応タンクで活性汚泥微生物は，酸化と同化の生物化学反応によって増殖する．この反応速度はエアレーション時間，活性汚泥微生物量，有機物量などの因子によって支配される．有機物（食物）と微生物量の比（F/M比）は重要であり，前者をBOD，後者を反応タンク内のMLSSで代表させ，BOD-SS負荷（BOD kg/SS kg・d）として設計あるいは運転管理の指標に用いられる．

BOD負荷としては，BOD-SS負荷のほかに，BOD容積負荷（BOD kg/m^3・d）がある．

BOD-SS負荷（L_S）およびBOD容積負荷（L_V）は次式によって計算される．

$$L_S = \frac{1日当り流入BOD量}{反応タンク内のSS量} = \frac{Q_S \cdot C_S}{C_A \cdot V} \tag{7.9}$$

ここで，L_S：BOD-SS負荷（kg/kg・d），Q_S：流入下水量（m^3/d），C_S：流入下水の平均BOD濃度（mg/l），C_A：反応タンク内混合液の平均浮遊物質（MLSS）濃度（mg/l），V：反応タンク容積（m^3）である．

また，

7.4 生物学的処理（2次処理）

$$L_V = \frac{1\text{日当り流入BOD量}}{\text{反応タンク容積}} = \frac{Q_S \cdot C_S}{1{,}000\,V} \tag{7.10}$$

ここで、L_V：BOD容積負荷（kg/m³·d）である。式 (7.10) の分母の 1,000 は、L_V の表示単位を kg/m³·d にするための換算係数である。

L_S と L_V の間には、次の関係式が成立する。

$$L_V = \frac{L_S \cdot C_A}{1{,}000} \tag{7.11}$$

反応タンクの所要容積は、式 (7.9) を用いて求められる。

〔例題 3〕

BOD 150 mg/*l*、1日最大汚水量 20,000 m³/d の都市下水を、標準活性汚泥法で処理する場合の反応タンクを設計せよ。

（解）

(1) 最初沈殿池での BOD 除去率を 30% とすれば、反応タンク流入下水の BOD（C_S）は、

$$C_S = 150 \times (1 - 0.3) = 105 \text{ mg}/l = 150 \text{ g/m}^3$$

となる。また、流入下水量（Q_S）は、

$$Q_S = 20{,}000 \text{ m}^3/\text{d}$$

である。したがって、反応タンクへの1日当り流入BOD量（B_S）は、

$$B_S = \frac{Q_S \cdot C_S}{1{,}000} = \frac{20{,}000 \text{ m}^3/\text{d} \times 105 \text{ g/m}^3}{1{,}000 \text{ g/kg}} = 2{,}100 \text{ kg/d}$$

となる。

(2) BOD-SS 負荷（L_S）を 0.4 kg/kg·d にとれば、反応タンク内の MLSS 量（M_S）は、式 (7.9) より、

$$M_S = \frac{B_S}{L_S} = \frac{2{,}100 \text{ kg/d}}{0.4 \text{ kg} \cdot \text{d}} = 5{,}250 \text{ kg}$$

となる。

(3) MLSS 濃度（C_A）を 2,000 mg/*l* とすれば、

$$M_S = \frac{C_A \cdot V}{1{,}000}$$

であるから、

$$V = \frac{1{,}000\, M_S}{C_A} = \frac{1{,}000\, \text{g/kg} \times 5{,}250\, \text{kg}}{2{,}000\, \text{g/m}^3} = 2{,}625\, \text{m}^3$$

となる．
反応タンクを3槽に分け，水深5 m，幅8 mとすれば，

$$長さ = \frac{2{,}625\, \text{m}^3}{3 \times 5\, \text{m} \times 8\, \text{m}} = 21.9\, \text{m} ≒ 22\, \text{m}$$

となる．そこで，長さは22 mとすればよい．

e. 送　気

散気式エアレーションは，送風機から送られた空気を，散気板などの散気装置を使って，細かい気泡にして下水中に吹き込むもので，エアリフト効果によって上向流が生じ，撹拌-混合の役目を果たし，同時に活性汚泥微生物への酸素供給が行われる．

エアレーション方式には，旋回流式 (spiral flow system aeration) と全面エアレーション式 (whole floor aeration) がある (図7.15, 7.16)．前者は散気装置のすえ付け高さが自由に変えられ，また，建設費も比較的安価であるなどの利点があり，これによるのが標準である．散気装置がタンク底部付近にあるのを高圧式，水面下80 cm前後にあるものを低圧式とよぶ．全面エアレーション式では，タンク底部を流れの方向と直角に山谷形とし，谷部に散気装置を配置しており，水流は直流となる．幅の狭いタンクに適している．一般に，旋回流式が普及している．

散気装置には散気板，散気管，散気ノズルを使用する．散気板には，セラミック質粒子を適当な結合剤とともに高温で焼成した多孔質の磁器の，辺長300 mm，厚さ25～30 mmの正方形で均一な厚さの人工石板が，最も広く用いられる．

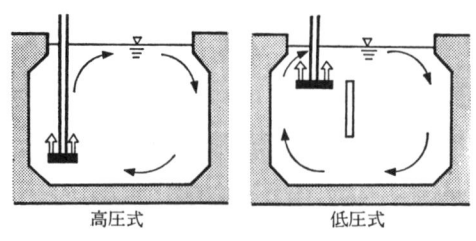

図7.15　旋回流式エアレーション

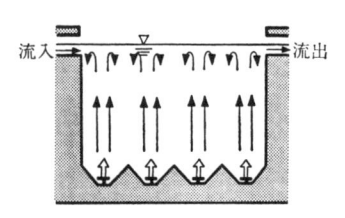

図7.16　全面エアレーション

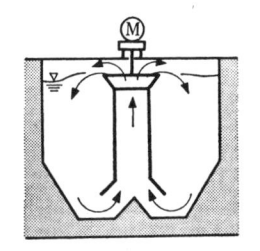

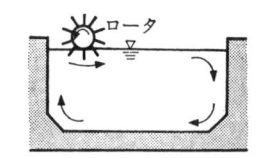

図7.17 シンプレックス式エアレーション　　**図7.18** ケスナーブラシ式エアレーション

機械攪拌式エアレーションでは圧縮空気の吹込みがなく，機械による攪拌を行って，大気中の酸素を溶解させている．シンプレックス（Simplex）式，ケスナーブラシ（Kessener brush）式などがある（図7.17，7.18）．

シンプレックス式は，上下底のない固定円筒を吊し，上部水面に接する部分に水に半ば没した回転翼が設けられており，これが回転することによって下水を汲み上げて上向流を起こさせ，かつ細かい気泡および液滴を発生させて微生物に対する酸素供給を行う．固定円筒はドラフトチューブの役目をしている．タンクは，一辺 $6.5 \sim 15.0$ m，深さ $4.5 \sim 5.0$ m の正方形の多室に分け，各室の仕切りには角落しを用い，各室の底部はホッパー状にする．各室の中央にかき混ぜ機を設置し，隣接する室の回転翼は逆回転とする．

ケスナーブラシ式は，エアレーションタンクの流下方向の壁に沿って設けられた円筒状のブラシが回転することによって，エアレーションと攪拌を行うものである．ドイツ，オランダ，スイスなどのヨーロッパ諸国で用いられている．

f．活性汚泥の管理

1）混合液浮遊物質濃度（mixed liquor suspended solids concentration, MLSS 濃度）　標準活性汚泥法では，返送汚泥量は流入下水量の $20 \sim 30\%$ とされているが，合理的な汚泥返送率を決定するにはMLSS濃度を基準とした方がよい．

2）活性汚泥沈殿率（settled sludge volume, SV）　反応タンク内混合液をメスシリンダーにとり，30分間静置して，その沈殿容積を百分率で表したものである．簡便であり，運転管理上有力な手掛りを与える．

反応タンク流入下水の活性汚泥沈殿率は，返送汚泥に対して無視できるので 0% とし，返送汚泥の活性汚泥沈殿率を 100% として，反応タンクのまわりの活性汚泥の物質収支を考えると，次の関係が得られる．

```
                            (100+R)Q_S
100 Q_S, P_V=0              P_V
─────────→ [反応タンク] ──────→ [最終沈殿池] →

           ←──────────────────
              RQ_S, P_V=100%
```

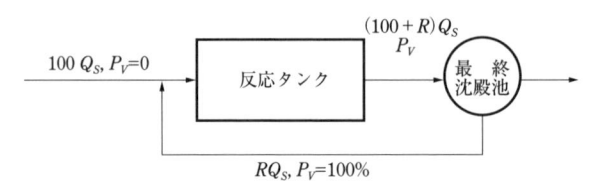

図 7.19 汚泥返送率と活性汚泥沈殿率

$$(0)(100\,Q_S) + (100)(R \cdot Q_S) = (P_V)(100+R)(Q_S)$$

$$\therefore R = \frac{100\,P_V}{100 - P_V} \tag{7.12}$$

ここで，Q_S：流入下水量（m³/d），R：汚泥返送率（％），P_V：活性汚泥沈殿率（％）である（図 7.19）．

3）汚泥容量指標（sludge volume index, SVI）　汚泥容量指標は，反応タンク内混合液を静置沈殿した場合に，1 g（乾燥重量）の活性汚泥浮遊物が占める容積を ml 数で示したもの．すなわち，浮遊物の重量で汚泥の30分沈殿容積を除して得られる値である．SVIは活性汚泥の沈殿濃縮特性を表す指標であって，正常な活性汚泥のSVIは50〜100くらいであり，バルキングを起こした活性汚泥は200を超す．

$$\mathrm{SVI} = \frac{\begin{pmatrix}1\,l\text{の反応タンク内混合液中の活性汚泥浮遊}\\ \text{物が，30分沈殿によって占める容積 } ml\end{pmatrix}}{\begin{pmatrix}1\,l\text{の反応タンク内混合液中の活性汚泥浮遊}\\ \text{物の乾燥重量 } g\end{pmatrix}}$$

$$= \frac{10\,P_V}{C_A/1{,}000} = \frac{10^4\,P_V}{C_A} \tag{7.13}$$

〔例題 4〕

SVI = 100 であるとき，MLSS = 2,000 mg/l に保つためには，汚泥返送率（R）をいくらにしたらよいか．

〔解〕

式（7.13）より，

$$\mathrm{SVI} = \frac{10^4 P_V}{C_A}$$

これに，SVI = 100，C_A = 2,000 mg/l を代入すると，

$$P_V = \frac{100 \times 2,000}{10^4} = 20\%$$

式 (7.12) に P_V = 20% を代入すると，

$$R = \frac{100\,P_V}{100 - P_V} = \frac{100 \times 20}{100 - 20} = 25\%$$

4）汚泥滞留時間（sludge retention time, SRT）　汚泥滞留時間は，活性汚泥が余剰汚泥として系外に引き抜かれるまでの系内の平均滞留時間（d）を示すもので，次式で示される．

$$\text{SRT} = \frac{V \cdot C_A + V_S \cdot C_R + V_R \cdot C_R}{Q_W \cdot C_R + Q_S \cdot C_E} \tag{7.14}$$

ここで，SRT：汚泥滞留時間（d），V：反応タンク容量（m^3），V_S：最終沈殿池内に活性汚泥が滞留している容積（m^3），C_A：反応タンクの MLSS（mg/l），C_R：返送汚泥の平均浮遊物質濃度（mg/l），V_R：返送汚泥系の容積（m^3），Q_W：余剰汚泥量（m^3/d），C_E：処理水中の平均浮遊物質濃度（mg/l）である．

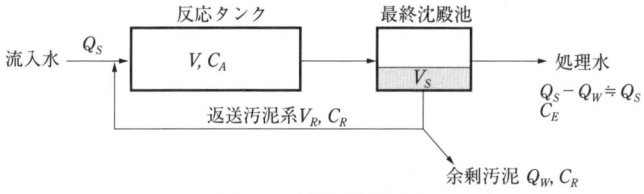

図7.20　汚泥の物質収支

反応タンク内の活性汚泥量にくらべて，最終沈殿池内や返送汚泥系の活性汚泥量と処理水中の活性汚泥量は無視できるので，式（7.14）は次のように書ける．

$$\text{SRT} = \frac{V \cdot C_A}{Q_W \cdot C_R} \tag{7.15}$$

反応タンクが定常状態にある場合には，増殖した活性汚泥量（m^3/d）が余剰汚泥として引き抜かれる活性汚泥量（m^3/d）と等しいので，SRT の逆数が活性汚泥の比増殖速度（specific grow rate）に近似することになる．

$$\upsilon = \frac{1}{\text{SRT}} = \frac{Q_W \cdot C_R}{Q_V \cdot C_A} \tag{7.16}$$

ここで，v：活性汚泥の比増殖速度（$m^3/m^3 \cdot d = 1/d$）.

そこで，活性汚泥の処理性能を考える場合には，活性汚泥の浄化能に関連深い微生物の比増殖速度を考慮してSRTを設定・管理することが必要である．

5）バルキング（bulking） 活性汚泥が，沈降を妨げる障害微生物の著しい増殖によって，膨化して沈降分離が不良になることを，バルキング現象という．沈降試験をしたとき，SVIが200 ml/g 以上で，シリンダー内で汚泥層の濃度が5,000 mg/l 程度から圧密相に変わる汚泥を，バルキング汚泥とする．

バルキングには糸状性と非糸状性とがあるが，通常は糸状性の場合をいう．非糸状性バルキング（filamentous bulking）は，ズーグレアバルキングともよばれ，主として汚泥が親水コロイド化し，安定分散相を呈するものである．糸状性バルキングは，糸状性細菌（スフェロティルス，ベギアトアなど）によるものである．

すべてのバルキングに応用できる制御方法は確立されていないが，① 金属塩凝集剤を添加する，② BOD負荷を低下させる，③ 反応タンクを押出し流れにするなどの方法が考えられる．

また，7.6.4項b.1)（p. 135）に示すように，嫌気・好気活性汚泥法には糸状性バルキングの抑制効果がある．

7.4.4 活性汚泥法の変法

a. 概　　説

標準活性汚泥法はすぐれた方法であるが，施設の建設と運転操作を有利にするために，ステップエアレーション法をはじめとする種々の変法が開発されてきた．これらの処理方式では，利用する活性汚泥とエアレーション方法にそれぞれ特色があり，また，所要の処理水のBODの濃度に見合った適当範囲のBOD-SS負荷がある．各種活性汚泥法のフローシートおよび操作条件は，図7.21および表7.8に示すとおりである．

b. ステップエアレーション法（step aeration process）

標準活性汚泥法では，下水は反応タンクの最初の部分にだけ流入するので，活性汚泥微生物に対する負荷が一度にかかり，また，酸素要求も最初は大きいが，流下するにつれてF/M比（BOD-SS負荷）も低下し，酸素利用量も小さくなる．

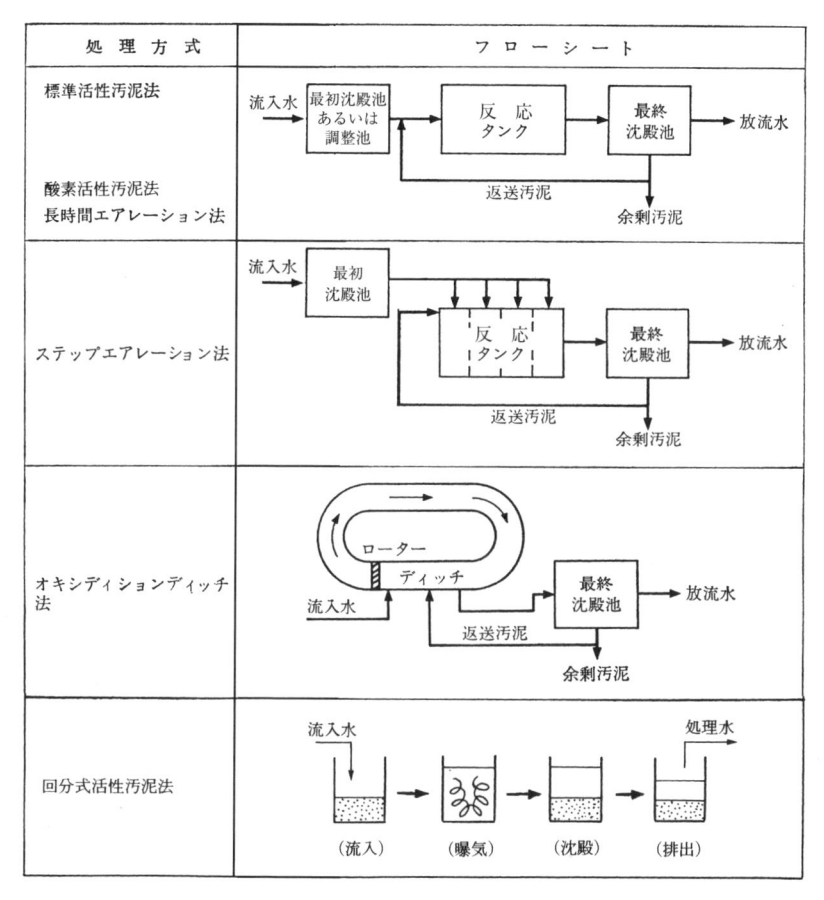

図7.21 各種活性汚泥法のフローシート

　そこで，反応タンクを流下する混合液の流れに沿って，3〜4箇所で下水を均等に分割注加し，混合液の酸素利用量が均一になるようにするための方法である．
　この方法によれば，下水の分割注加のため，反応タンクの流入付近でMLSS濃度が大きく，流下するにつれて減少し，最終沈殿池へ流入する下水のMLSS濃度は，標準法にくらべてかなり小さくすることができ，最終沈殿池における活性汚泥と上澄液の分離が容易になる．
　たとえば，図7.22に示すように，運転する場合には，①〜④ セクションのMLSS濃度と反応タンク内の平均MLSS濃度は次のようになる．

表7.8 各種活性汚泥法の特徴

処理方式	特徴	MLSS濃度 (mg/l)	BOD-SS負荷 (kgBOD/kgSS·d)	反応タンクの水深 (m)	HRT (h)	備考
標準活性汚泥法	MLSS濃度：1,500〜2,000mg/l HRT：6〜8時間	1,500〜2,000	0.2〜0.4	4〜6	6〜8	
ステップエアレーション法	流入水を反応タンクに分割流入させ、標準活性汚泥法と同じBOD-SS負荷でもMLSS濃度を高くして反応タンクの容量を小さくした方法	1,000〜1,500（最終水路）	標準活性汚泥法と同じ	標準活性汚泥法と同じ	4〜6	
酸素活性汚泥法	高い有機物負荷と高いMLSS濃度を可能にするために酸素によるエアレーションを採用した方法	3,000〜4,000	0.3〜0.6	4〜6	1.5〜3	
長時間エアレーション法	最初沈殿池を省略し、有機物負荷を低くして余剰汚泥の発生量を制限する方法	3,000〜4,000	0.03〜0.06	4〜6	16〜24	最初沈殿池なし
オキシデイションディッチ法	最初沈殿池を省略し、有機物負荷を低くするとともに機械式エアレーションを採用して、運転管理を容易にした方法	3,000〜4,000	0.03〜0.05	1〜3	24〜48	
回分式活性汚泥法	1つの反応タンクで、流入、反応、沈殿、排出の各機能を行う活性汚泥法の総称	高負荷では低い低負荷では高い	高負荷と低負荷がある	4〜5	幅広い	最初沈殿池なし

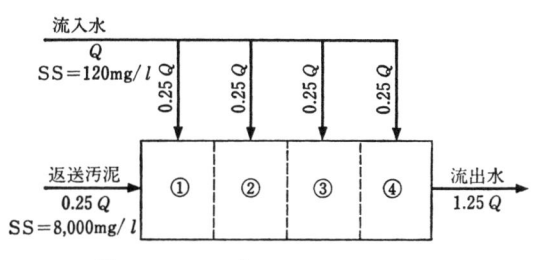

図7.22 ステップエアレーションの一例

① セクションの MLSS 濃度

$$= \frac{0.25 \times 8,000 + 0.25 \times 120}{0.25 + 0.25} = 4,060 \text{ mg}/l$$

② セクションの MLSS 濃度

$$= \frac{0.25 \times 8,000 + (0.25 + 0.25) \times 120}{0.25 + (0.25 + 0.25)} = 2,747 \text{ mg}/l$$

③ セクションの MLSS 濃度

$$= \frac{0.25 \times 8,000 + (0.25 + 0.25 + 0.25) \times 120}{0.25 + (0.25 + 0.25 + 0.25)} = 2,090 \text{ mg}/l$$

④ セクションの MLSS 濃度

$$= \frac{0.25 \times 8,000 + (0.25 + 0.25 + 0.25 + 0.25) \times 120}{0.25 + (0.25 + 0.25 + 0.25 + 0.25)} = 1,696 \text{ mg}/l$$

反応タンク内の平均 MLSS 濃度

$$= \frac{4,060 + 2,747 + 2,090 + 1,696}{4} = 2,648 \text{ mg}/l$$

表7.8からわかるように，標準法のBOD-SS負荷と同一値で運転されるが，BOD容積負荷が大きくなり，一定のBOD量を除去するのに必要な反応タンクの容積は，標準法にくらべて小さくなる．運転成績は標準法と大差なく，HRTは4～6hと短くできることになる．

c. 長時間エアレーション法（extended aeration process）

反応タンク内のMLSS濃度を高くすることによってF/M比を低く保ち，しかも長時間のエアレーションによって活性汚泥の内生呼吸を十分行わせて，余剰汚泥の生成をできるだけ抑えようとするものである．

反応タンクの容量は大きくなるが，余剰汚泥量が少なくなるので，小規模の施設に適している．本法は負荷変動によって起こされるショックロードに対応できるので，工場排水の処理にも有効である．

d. オキシディションディッチ法（oxidation ditch process）

オランダやドイツなどでは，素掘りの池で行う機械攪拌式の長時間エアレーション法が小規模処理場で用いられており，わが国にも導入されている．深さ1 m前後のディッチを設けて，ローターによって下水を循環させながらエアレーションし，下水を処理する方法である．長時間エアレーション法の一種である．ディッチの一部を仕切り，ゲートの操作によって沈殿池として用いたり，反応タンクとして用いたりすれば，特別に最終沈殿池を設けなくても済む．

e. 酸素活性汚泥法（oxygen aeration activated sludge process）

空気の代わりに酸素を反応タンクに送り込むこと以外は，通常の活性汚泥法と同様である．酸素分圧が，通常の活性汚泥法にくらべて5倍程度高いため，同一の運転条件に対して，反応タンクのDO濃度を高く維持することができる．このため，反応タンク内のMLSS濃度を$6,000 \sim 8,000$ ng/lに維持できる．

したがって，高濃度の下水に対して適用性が高い．また，流入下水の有機物濃度が同程度であれば，反応タンクの容量を小さくできる．

f. 回分式活性汚泥法（suquencing batch reactor）

単一の反応タンクの中で，下水の流入，活性汚泥と下水の混合，エアレーション，活性汚泥の固液分離（沈殿），処理水の排出を時間的に連続させることにより下水を処理する方式の総称である．一般に，最初沈殿池を設けていない．中小規模の下水処理場に採用されている．有機物負荷を長時間エアレーション法のように低く設定する．

7.4.5　散水沪床法（trickling filter process）

a. 概　　説

下水を点滴状にして粗い沪材の上に散水すると，沪材の空隙を伝って流下する間に，下水は沪材表面の生物膜によって生物化学的に酸化・分解する．

散水沪床法には，標準散水沪床法と高速散水沪床法とがあるが，標準散水沪床法はわが国では用いられていない．

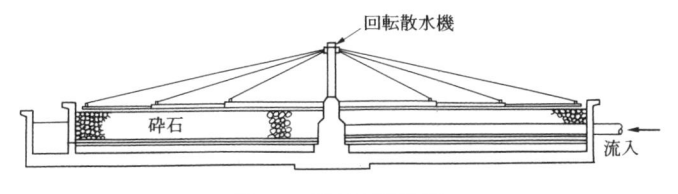

図7.23 散水沪床断面図

散水沪床法は,散水負荷とBOD負荷とを用いて設計される.また,沪材には砕石を用いる(図7.23).

b. 沿　　革

散水沪床法は1893年にイギリスではじめて運転された.散水沪床法は活性汚泥法より早く実用化された.また,1936年に高速散水沪床法がアメリカで開発され,散水沪床法は新しい生命を与えられた.わが国では,下水処理施設の総数約1,300のうち活性汚泥法がその大部分を占め,高速散水沪床法4箇所となっている.また,標準散水沪床法はわが国では用いられていない.散水沪床法は欧米では割合広く用いられている.

c. 原　　理

下水を沪材に散布すると,沪材表面に微生物の被膜が形成されてくる.これは生物膜とよばれ,ズーグレアとよばれる好気性細菌が主体であるが,その他に繊毛虫類などの原生動物,線虫などの後生動物などがみられる.

沪床表面に散布された下水の大部分は沪床を速やかに流下するが,残りは生物膜の表面をゆっくりと流下し,前者では吸着と凝集によって,また後者では溶解性物質が吸収されて酸化分解することによって,BODの除去が行われると考えられている.生物化学的酸化に必要な酸素は,沪床内の空気から供給される.散水沪床法の浄化機構は,基本的には活性汚泥法と同一である(図7.24).

生物膜は,表面の好気性の部分と,内部の嫌気性の部分とからなる.好気性の部分では,好気性の微生物が,下水から有機物と酸素の供給

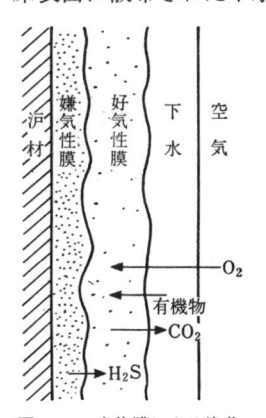

図7.24 生物膜による浄化

を受け酸化分解が行われる．嫌気性の部分では，嫌気性代謝が行われ，代謝産物の有機酸などが好気性の部分に拡散していく．浄化の主体は好気性作用にある．生物膜は表面を流下する下水によって削り取られ，最終沈殿池で除去される．このようにして，表面がたえず更新され，生物膜の活性が維持される．

d. 散水負荷およびBOD負荷

散水負荷とは，沪床に1日当り散水される下水量を沪床面積で除した値である．BOD負荷とは，単位体積の沪材に1日当り負荷されるBOD量，すなわち，沪床に散水される下水のBOD濃度と散水負荷との積を沪床の深さで除した値である．

e. 沪　　材

沪材としては砕石が最も普通に用いられる．沪材は，生物膜が付着しやすいように，表面が粗く，大きさがそろっており，風化したり，自重によって破砕したり，下水に浸食されない，耐久性に富んだものが望ましい．石英粗面岩，安山岩，花崗岩などが用いられる．

沪床の集水用有孔板から20〜30 cmの高さまでは，110〜150 mm程度の砕石を"ささえ"として2層程度敷く．

7.4.6　回転生物接触法 (rotating biological contactor)

a. 概　　説

回転円板法 (rotating disk process) ともよばれる．

直径1.8〜4.4 m，厚さ0.7〜20 mmの円板数十枚を1組として，約2 cm間隔で中心回転軸に直結して並べたものである．

円板の材質はプラスチック材や耐水ベニヤ板などで，円板は汚水の流下方向に1〜5 rpmで回転する．最低2〜3段直列に配置されるが，より高度の浄化を行うには，少なくとも4段は必要である（図7.25）．

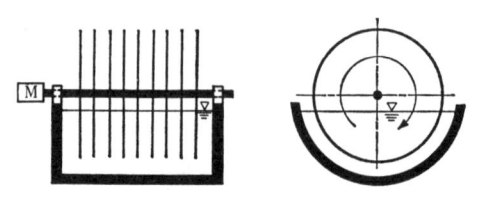

図7.25　回転生物接触法

b. 機能および回転充てん材法

1960年代にペーペル（Pöpel）らによって，ドイツで開発された．回転円板は回転生物接触体（rotating biological contactor）ともよばれる．円板の下部40～50％が浸漬状態にある．円板表面に付着した微生物が基質を分解することによって，浄化が行われる．円板表面が空気中にあるとき，酸素が微生物に供給され，液中にあるとき基質の供給が行われる．従来の散水沪床を固定式縦形沪床と考えると，回転円板は回転式横形沪床と考えることもできる．BOD 20 mg/l 以下，SS 70 mg/l 以下の処理水を期待できる．

維持管理が容易かつ安価で済むこと，負荷変動に対する耐性が大きいこと，余剰汚泥の発生量が少ないこと，適切な設計によって栄養塩類の除去も可能であることが特長である．しかしながら，微生物量の制御が困難であることが，問題点としてあげられる．

金属製のケージの中に種々の充てん材を詰めたものを，水平回転軸のまわりにゆっくり回転させ，充てん材の表面に生育した微生物によって浄化を行うものもある．これは回転充てん材法とよばれる．

7.4.7 嫌気性処理

a. 原　　理

一般に，活性汚泥法では，好気性細菌が1 t の重クロム酸CODで示される有機物を分解・除去するのに，エアレーションで1,100 kWhの電力を消費し，400～600 kg（乾燥重量）の余剰汚泥を生成し，残りの有機物は炭酸ガスと水にまで無機化される．これに対して，嫌気性処理（anaerobic treatment）では，余剰汚泥生成を30～150 kgに低減でき，残りの有機物のもっている85～97％の自由エネルギーをメタンとして回収できる．

酸生成菌とメタン菌とが共存する系では，反応タンク内で増殖可能な最小SRTとして10 d程度が必要であり，そのためには浮遊生物方式ではなく，付着生物方式の反応タンクが必要となる．

b. 処理方式

1) 固定床法（fixed bed process）　　反応タンクにラシヒリングなどの付着用担体を充てんし，その表面に微生物を付着・増殖させる．嫌気性沪床ともよばれる．

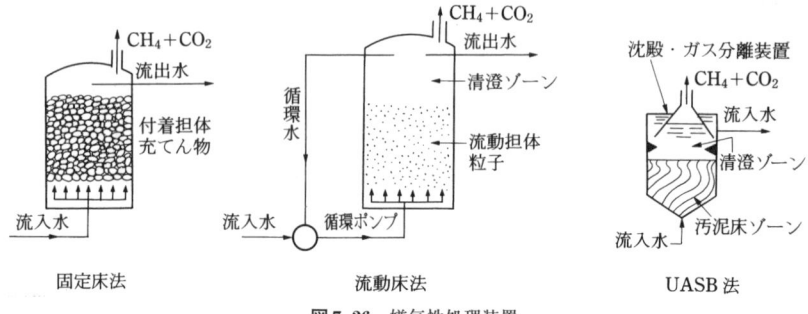

図7.26 嫌気性処理装置

COD容積負荷は$2 \sim 10 \text{ kg/m}^3 \cdot \text{d}$，COD除去率は$80 \sim 95\%$である．
わが国では，山梨県高根町の下水処理場ではじめて採用された．

2）流動床法（fluidized bed process）　　粒径$0.2 \sim 1 \text{ mm}$程度の砂，アンスラサイト，軽量骨材などの粒状付着担体を流動状態に浮遊させ，その表面に微生物を付着・増殖させる．COD容積負荷は$1 \sim 15 \text{ kg/m}^3 \cdot \text{d}$，COD除去率は$80 \sim 87\%$である．

3）UASB法（upflow anaerobic sludge blanket process）　　上昇流嫌気性スラッジブランケット法とよばれる．

付着担体を用いないで，嫌気性菌の凝集・集塊機能によって粒径$0.5 \sim 2 \text{ mm}$程度のグラニュール状（粒状）汚泥を形成させ，高濃度の微生物を反応タンク内に保持する方式である．

COD容積負荷は$5 \sim 30 \text{ kg/m}^3 \cdot \text{d}$，COD除去率は$85 \sim 95\%$である．

下水処理用の実規模プラント（$30 \text{ m}^3/\text{h}$）が，ブラジルのサンパウロ市で運転されている．

なお，これらの処理装置は，欧米で主として中・高濃度の産業廃水処理に使用されていることを付言する．

7.5　消　　　毒

7.5.1　概　　説

下水中の病原性細菌やウイルスを除去する目的で，消毒（disinfection）が行わ

れる．消毒には，ふつう塩素が用いられる．
　最近，ウイルスの不活化にも有効である紫外線消毒，オゾン消毒が少しずつ採用されつつある．

7.5.2　塩素消毒 (chlorine disinfection)

　消毒効果をあげるためには，接触時間は，塩素注入後，接触タンクと放流管きょを含めて 15 min 以上，塩素注入率は，放流水の大腸菌群数が 3,000 個/ml 以下となるように定める．
　下水処理場に流入した下水中の細菌やウイルスは，沈殿処理や生物処理によってかなり除去できるが，完全に除去することはむずかしい．そこで消毒が必要となる．大腸菌群は，一般の病原性細菌より殺菌作用に抵抗性が強いので，その数が多いことと相まって指標細菌として用いられる．しかし，ウイルスのうちには大腸菌より抵抗性が強いものもあるといわれる．
　塩素は水に溶解して，次式に示すように，次亜塩素酸 HOCl および次亜塩素酸イオン OCl^- を生成する．

$$Cl_2 + H_2O \rightleftarrows HOCl + H^+ + Cl^-$$
$$HOCl \rightleftarrows H^+ + OCl^-$$

　殺菌の主力は HOCl によるものである．また，アンモニアを含む水の場合には，塩素はアンモニアと反応してクロラミンを生成する．三塩化窒素 NCl_3 には殺菌力はない．

$$NH_3 + HOCl \rightarrow NH_2Cl + H_2O$$
$$NH_2Cl + HOCl \rightarrow NHCl_2 + H_2O$$
$$NHCl_2 + HOCl \rightarrow NCl_3 + H_2O$$

　下水中にはたいていの場合アンモニア性窒素がかなり含まれているので，下水の消毒での残留塩素はほとんどがクロラミンによる結合型残留塩素である．結合型残留塩素は，遊離型残留塩素である HOCl や OCl^- にくらべて，殺菌力が弱い．
　下水処理場で消毒によく用いられているのは液体塩素であるが，最近は次亜塩素酸ナトリウム NaOCl も用いられるようになっている．

$$NaOCl + H_2O \rightleftarrows Na^+ + OCl^- + H_2O$$

　各種下水の消毒に必要な塩素注入率は，一般に表 7.9 に示すとおりである．こ

表7.9 塩素注入率

下水の種類	注入率 (mg/l)
流入下水	7～12
最初沈殿池流出水	7～10
2次処理水	2～4

（日本下水道協会，下水道施設計画・設計指針と解説）

表7.10 紫外線照射量

対象水	大腸菌殺菌率 (%)	紫外線照射量 (J/m^2)
2次処理水	90.0	150～200
	99.0	200～300
	99.9	300～500

（日本下水道協会，下水道施設計画・設計指針と解説）

の注入率によると，ふつう残留塩素は0.2～1.0 mg/l 以上となり，処理水の大腸菌群は99.9％除去できる．

接触タンクは，沈殿物ができないような流速をもつ迂回水路とする．

相当量の塩素をフミン・フルボ質などの一般有機成分を含む水に加えると，有機性塩素化合物を生成する．その代表的なものが，クロロホルム $CHCl_3$ に代表されるトリハロメタンである．これらの有機性塩素化合物が発がん性物質であることが知られており，水道水の水質基準は総トリハロメタン100 μg/l 以下となっている．

なお，2次処理として酸素活性汚泥法を採用する際には，経済性や脱色効果の点からオゾン消毒を用いることがある．

7.5.3 紫外線消毒（ultraviolet disinfection）

紫外線消毒は，原水に紫外線（100～380 nm）を照射して，病原性細菌やウイルスの核酸に損傷を与えて微生物を不活性化する．紫外線による消毒効果は，照射強度と照射時間との積で表せる照射量に比例する．

$$照射量（J/m^2）= 照射強度（W/m^2）× 照射時間（s）$$

放流水の大腸菌群数を下水道法の放流基準である3000個/ml 以下にするために，必要な紫外線照射量として表7.10の値が示されている．大腸菌殺菌率は，99.9％とすることが多い．

消毒に使われるランプには，ランプ点灯時の水銀蒸気圧によって，低圧紫外線ランプと中圧紫外線ランプがある．低圧紫外線ランプは，殺菌効果の高い253.7 nmの紫外線を効率よく発生するので，エネルギー効率が高い．また，ランプ表面の温度も高くならず，石英スリーブ（管材）へ汚れがつきにくい特徴がある．中圧紫外線ランプは低圧ランプにくらべ，エネルギー効率は低いが，殺菌力のあ

る幅広い波長の紫外線を出すため,1本当りのランプの殺菌力は強い.大容量の処理水を対象とするときには,中圧ランプが有効である.

紫外線ランプは効率よく紫外線を発生するので,短時間であっても眼や皮膚などの人体露出部へ紫外線を直接受けないように注意する.

7.5.4 オゾン消毒 (ozone disinfection)

オゾンは病原性微生物の細胞壁を直接破壊する作用を有する.オゾン消毒の効果は,水に溶存しているオゾン濃度と接触時間との積に比例する.有機物や亜硝酸などの還元物質が少ない下水処理水では,5 mg/l 程度のオゾン注入で,10〜20 min の接触で大腸菌群数を 3,000 個/ml 以下にすることができる.下水処理水に SS や亜硝酸性窒素などの還元物質が多く含まれていると,その酸化反応にオゾンが消費されて,微生物の不活性化により多くのオゾンが必要となる.

オゾン反応槽からの排オゾンは人体に有害であるので,活性炭吸着分解法などで処理する.一般に,作業環境中のオゾン曝露許容濃度は 0.1 ppm とされている(日本産業衛生協会,1972年).

7.6 高度処理

7.6.1 概　説

水域の富栄養化の防止,下水処理水の再利用の目的で高度処理(advanced treatment)が行われ,3次処理(tertiary treatment)とよばれることもある.① 物理的方法(沈殿,沪過,吸着など),② 化学的方法(凝集,化学的酸化など),③ 生物学的方法(生物学的酸化および還元)などがある.これらは単独で用いられることは少なく,複数のものを組合わせて用いられる.

表7.11 高次処理と除去対象物質

除去対象物質	高次処理法
浮遊物質	急速沪過,凝集沈殿
微量有機物質	活性炭吸着,オゾン酸化,凝集沈殿
リ　ン	凝集沈殿,生物学的脱リン
窒　素	生物学的硝化・脱窒,循環式硝化脱窒,不連続点塩素処理,選択的イオン交換

除去対象物質は主として浮遊物質，微量有機物質，リンおよび窒素である．除去対象物質と処理法との対応は表7.11に示すとおりであるが，浮遊物質に対しては急速沪過法，微量有機物質には活性炭吸着法，リンには凝集沈殿法あるいは生物学的脱リン法，窒素には生物学的硝化・脱窒法が主として用いられる．

7.6.2 浮遊物質の除去

重力式の下向流式急速沪過池および上向流式急速沪過池が主として用いられる．下向流式の場合には，上部に珪砂より比重が小さく，粒径の大きいアンスラサイト（比重1.4〜1.7，有効径1.6〜2.0 mm）をおき，下部に珪砂（比重2.55〜2.65，有効径0.6〜0.9 mm）をおく．沪過速度は200〜450 m/dである．

下水2次処理水を急速沪過することによって，SSおよびBODがそれぞれ50〜90％，20〜80％除去される．2次処理水の再利用のための高度処理法として，わが国では早くから急速沪過法が用いられている．

7.6.3 微量有機物質の除去

2次処理水に残留する溶解性有機物質の除去には，活性炭による吸着，オゾンによる酸化などが用いられる．

活性炭内部に無数の細孔が存在し，ここに溶解性有機物が吸着されて，下水中から除去される．一般に，粒状活性炭を充てんした塔に下水を流し，接触時間30 min程度で処理する．吸着能力のなくなった粒状活性炭は，ふつう加熱再生法で再生し，繰返し利用できる．再生炉の賦活温度は800〜900℃で，再生収率は90〜95％である．粉状活性炭を用いる場合には，下水に注入した後で，凝集沈殿，沪過を行う．再生法がないので，あまり用いられない．

下水中の溶解性有機物質の除去に用いられる酸化剤には，オゾン，塩素，過酸化水素などがあるが，オゾンがよく用いられる．オゾンの注入量10〜30 mg/l，接触時間15〜30 min程度とする．

7.6.4 リンの除去

a. 凝集沈殿法

下水に凝集剤を加えて難溶性のリン化合物を形成し，これを沈殿分離する．凝

集剤としては,硫酸アルミニウム,ポリ塩化アルミニウム(PAC),塩化第2鉄などが用いられる.凝集剤は活性汚泥法の反応タンク,循環式硝化・脱窒法の硝化タンク,硝化・内生脱窒法の再曝気タンクの末端部に注入される.

$$Al^{3+} + PO_4^{3-} \longrightarrow AlPO_4 \downarrow$$
$$Fe^{3+} + PO_4^{3-} \longrightarrow FePO_4 \downarrow$$

$AlPO_4$ の最小溶解度はpH 6で約0.01 mg/l,$FePO_4$ はpH 5で約0.1 mg/lである.

b. 生物学的脱リン法

1) 嫌気・好気活性汚泥法(anaerobic-oxic activated sludge process;AO法)　嫌気・好気活性汚泥法は前部に嫌気タンク,後部に好気タンクを設置し,最初沈殿池流出水を嫌気タンクに流入させるプロセスで,活性汚泥が嫌気状態

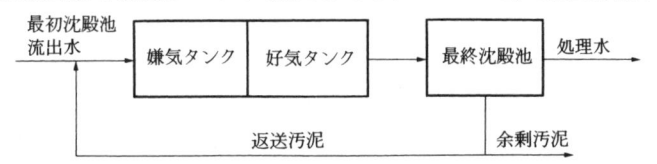

図7.27 嫌気・好気活性汚泥法

(溶存酸素および酸化窒素が存在しない状態)でリンを放出し,それに続く好気状態で生体合成に必要な量以上に混合液中のリンを摂取する過剰摂取現象を利用している.

標準活性汚泥法の反応タンクの前半20～40%を嫌気タンクにする.本法によって標準的な都市下水の場合,処理水の全リン濃度として1 mg/l以下が可能である.また,SS,BOD,COD,窒素も標準活性汚泥法と同等の水質が期待できる.

2) 嫌気・無酸素・好気法(anaerobic-anoxic oxic process;A_2O法)　本法は生物学的リン除去法と生物学的窒素除去法を組合わせたものである.反応タンクを嫌気タンク,無酸素(脱窒)タンク,好気(硝化)タンクの順に配置し,最初沈殿池流出水と返送汚泥を嫌気タンクに流入させる一方,好気タンクの混合液を無酸素タンクへ循環する.流入下水のBODが低い場合には,流入水をバイパス水路から直接嫌気タンクへ入れる.

標準的な都市下水の場合,最初沈殿池流出水に対する全窒素除去率として70%

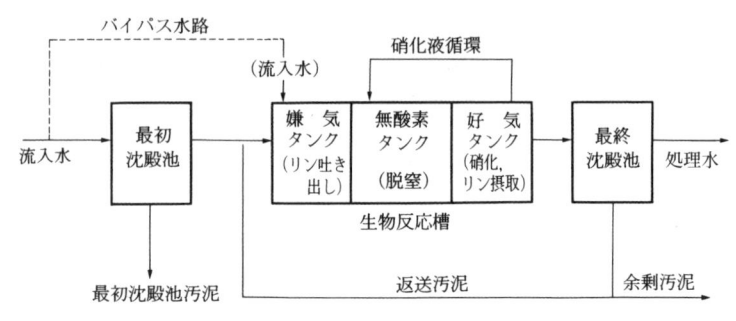

図7.28 嫌気・無酸素・好気法

程度, また, 処理水中の全窒素濃度として 10 mg/l 以下, 全リン濃度 1.0 mg/l 以下が期待できる.

7.6.5 窒素の除去
a. 生物学的硝化・脱窒法 (biological denitrification process)

下水中の窒素の除去には, 生物学的硝化・脱窒法が広く用いられている.

アンモニア性窒素は *Nitrosomonas*, *Nitrosococcus*, *Nitrobacter* によって酸化される. これらは, 生命維持に必要な一切の物質を無機物質に求める自栄養菌である.

Nitrosomonas, *Nitrosococcus*

$$NH_4^+ + 1.5\,O_2 \longrightarrow 2\,H^+ + H_2O + NO_2^- \qquad (7.17)$$

Nitrobacter

$$NO_2^- + 0.5\,O_2 \longrightarrow NO_3^- \qquad (7.18)$$

式 (7.17) と式 (7.18) をまとめ, さらに硝化反応によって消費されるアルカリ度を考慮すると, 次式が得られる.

$$NH_4^+ + 2\,O_2 + 2\,HCO_3^- \longrightarrow NO_3^- \qquad (7.19)$$

この結果から, この過程で消費される水中のアルカリ度は, 7.14 mg/mg NH_4^- N であることがわかる. NH_4^+ を NO_2^- に酸化する菌をアンモニア酸化菌, NO_2^- を NO_3^- に酸化する菌を亜硝酸酸化菌とよび, また, これらを総称して硝化菌とよぶ.

硝酸を還元する細菌の中で, *Pseudomonas fluorescens*, *Ps. denitrificans* などは

脱窒菌とよばれ，好気性条件下ではNO_3^-がなくても良好に生育し，嫌気性条件下では，NO_3^-を還元してN_2ガスを放出する通性嫌気性菌である．脱窒反応には水素供与体としての有機物が必要である．メタノールを添加した場合には，脱窒反応は次のようになり，NO_2-Nの1gを還元するのに1.85gのメタノールが必要となる．実用的には，除去すべきNO_3-Nの約3倍量のメタノール添加を目安とすれば，95％以上の除去が得られる．

$$6NO_3^- + 5CH_3OH \longrightarrow 3N_2 + 5CO_2 + 7H_2O + 6OH^-$$

b. 処理方式

1）循環式硝化・脱窒法（recycled nitrification/denitrification process）　反応タンクを無酸素（脱窒）タンク，好気（硝化）タンクの順に配置し，最初沈殿池流出水と返送汚泥を脱窒タンクに流入させ，また，硝化タンクの混合液の一部を脱窒タンクに循環するという方式である．

① 下水中の有機物を脱窒反応の水素供与体として利用できること，② 下水中の有機物の大部分が脱窒反応で分解除去されるため，BOD除去のためのエアレーションによる酸素供給を少なくすることができること，③ 脱窒反応で生成するアルカリを硝化タンクで利用できることなどの利点をもっている．標準的な都市下水であれば，脱窒のためのメチルアルコールや中和のための水酸化ナトリウムの添加が必要でない．

全窒素除去率は60〜70％を期待でき，SS，BOD，COD，リンは標準活性汚泥法と同等もしくはそれ以上の除去率が得られる．脱窒タンクと硝化タンクの合計容量は，標準活性汚泥法の反応タンクの容量の約2倍となる．反応タンクの

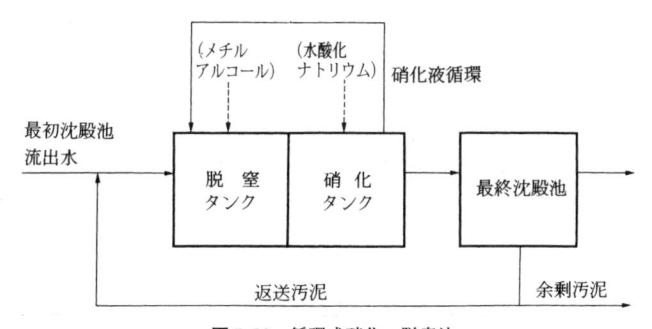

図7.29　循環式硝化・脱窒法

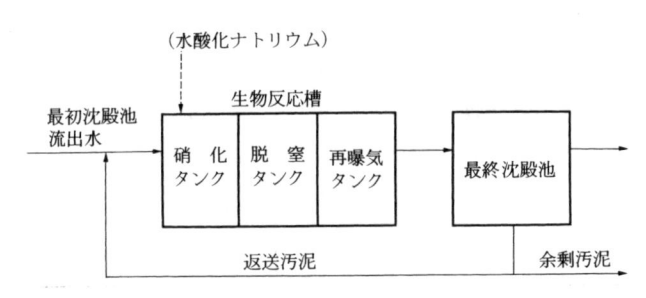

図7.30 硝化・内生脱窒法

MLSS濃度は，標準活性汚泥法より高くする必要がある（図7.29）．

2）硝化・内生脱窒法（nitrification/denitrification using endogeneous respiration process）　反応タンクを，好気（硝化）タンク，無酸素（脱窒）タンク，および好気（再曝気）タンクの順に配置し，最初沈殿池流出水と返送汚泥を硝化タンクに流入させる．再曝気タンクは，脱窒タンクから流出する混合液を好気性状態にすることによって，最終沈殿池での脱窒による汚泥の浮上を防止するとともに，放流水のDOを確保するために設けられる．

　全窒素除去率は70～90％が期待できる．本法は，脱窒速度が循環式硝化・脱窒法にくらべて小さいので，全窒素除去率の目標値を70～80％とした場合には循環式硝化・脱窒法とくらべて約1.5倍，除去率の目標を80～90％とした場合には約2.0倍の反応タンクの合計容量が必要である（図7.30）．

8. 下水の処分と再利用

8.1 下水の処分

a. 概　　説

処理または未処理の下水を放流し，あるいは用水その他に利用することを処分（disposal）とよぶ．また，物理，化学，生物学などの原理を利用して，人工を加えて下水を浄化することを処理（treatment）とよぶ．処分の方法としては希釈が広く用いられているが，水資源の不足に伴って，用水として再利用（reuse）することも次第に行われるようになってきている．

b. 希　　釈

下水を水中に導いて処分する方法である．水の自浄作用（self-purification）を利用するので，おのずから限度がある．

吐き口から放流された下水は，直ちに水域の水と混合することはなく，密度流を形成するので，実態の把握が必要である．また，自浄作用は物理，化学および生物学的な作用が総合されたものである．水域に放流された下水中の有機物質は，6.1.7項で説明したように，水中の溶存酸素を消費しながら生物化学的に酸化される．魚類が死滅しないためには，$2.5 \sim 3.0$ mg/l 以上の溶存酸素が必要であり，また，BODについては 4 mg/l が許容限度といわれている．わが国においては，表2.2（p.13）のように，水質環境基準が定められている．

8.2 下水の再利用

a. 概　　説

わが国においては，自然流況のまま利用できる河川流量の大半を，農業用水の慣行水利によって占用されるという厳しい状況におかれている．下水再利用の方

式には，下水処理水を河川などに還元したのち再利用する開放循環方式と，下水処理水を人為的に直接再利用する閉鎖循環方式とがある．

b. 開放循環方式

この方式は，ダム，河口ぜきなどの従来の水資源開発方式と同一系列に評価できる．再利用の用途は，河川維持用水の確保，新規用水の開発，渇水時緊急補給施設といった観点からの位置付けも可能となる．水質制御の見地から，河川などの自浄作用の定量的評価の精度を上げることが必要である．また，河川水，さらには下水処理水を再処理したものを用いて地下水人工涵養（artifical groundwater recharge）を行うことによって，表流水および地下水を一体とした流域内の総合的水管理を行うことが望ましい．

c. 閉鎖循環方式

1998（平成 10）年度における全国 1,300 の下水処理場からの下水処理水量は，年間約 124 億 m^3 に達している．

下水処理水の再利用については，過半数の処理場において，消泡水，洗浄水などとして場内再利用が行われている．また，1998 年度には，192 の処理場において下水処理水が場外に送水され，水洗便所用水，修景用水などとして再利用されており，その水量は年間約 1.3 億 m^3 となっている．

下水および下水処理水は，① 外気にくらべて水温が安定していること，② 気

表8.1 下水処理水の用途別再利用状況（1998年3月）

再利用用途	処理場数	再利用量 (万m^3/年)	代表事例 処理場名	再利用量 (m^3/日)	利用先
水洗便所用水	36	353	東京都落合処理場	3,001	西新宿および中野坂上地区
洗浄用水	64	784	東京都芝浦水処理センター	235	JR東日本（株）
工業用水	6	889	名古屋市千年下水処理場	16,033	名古屋市水道局
冷却用水	22	489	宇部市東部浄化センター	139	塵芥焼却場
希釈用水	16	450	呉市広浄化センター	2,350	し尿処理場
農業用水	17	1,619	熊本市中部浄化センター	35,447	土地改良区 水田
環境用水	61	6,123	東京都多摩川上流処理場	28,398	野火止用水など
植樹帯散水	71	153	大阪府高槻処理場	1,555	処理場周辺緑地，街路樹灌水用
融雪用水	22	1,935	青森市八重田浄化センター	2,400	旧陸羽街道，他
その他	46	344	東京都森ケ崎水処理センター	27	東京都港湾局 防塵用
計	192	約1.3億m^3			

象などによる影響が少ないこと，③ 利用可能となる地域範囲が広いことなどの理由で，その熱を利用したヒートポンプ（heat pump）による経済的，効果的な地域冷暖房施設の建設が可能である．千葉県幕張都心地区では，下水処理水（日最大9万m^3）を用い，約49 haの区域のビル内冷暖房を行っている．ヒートポンプは，55箇所の処理場やポンプ場で導入されており，熱源としての水使用量は360万m^3/年となっている（1998年3月末）．

さらに，西宮市では処理水の放流落差を利用した水力発電が行われている．

9. 汚泥の処理・処分

9.1 総　説

a. 概　説

　下水処理に伴って発生する最初沈殿池汚泥，余剰活性汚泥および散水沪床汚泥を適切に処理・処分することによって，下水処理の目的がはじめて達成されることになる．計画汚泥量は，計画1日最大汚水量を基準として，下水道の浮遊物質除去率，反応タンクでの溶解性BODの汚泥転換率，汚泥の含水率を定めて算定する．

　また，汚泥の処理・処分の方法は，規模，立地条件，建設費，維持管理費，管理の難易および公害対策などを考慮して決定する．

b. 計画汚泥量

　下水中の浮遊物質濃度は，わが国では150～300 mg/l程度である．下水処理の浮遊物質除去率は，大略，表7.2（p.95）に示すとおりである．また，汚泥含水率は，

　　　　　最初沈殿池汚泥：96～98％

　　　　　活性汚泥：99～99.5％

　　　　　散水沪床汚泥：96～98％

であり，最初沈殿池汚泥と活性汚泥を混合したものを濃縮すれば，96～98％となる．

c. 汚泥処理

　下水汚泥は含水率98％前後で，処理水量の1～2％発生し，有機物を多量に含み，放置すると腐敗して悪臭を放ち，衛生上も害がある．そこで，容積を減少し，安定化し，安全化するために汚泥処理が行われる．処理・処分の代表的な組合わせは，図9.1のとおりである．

9.1 総説

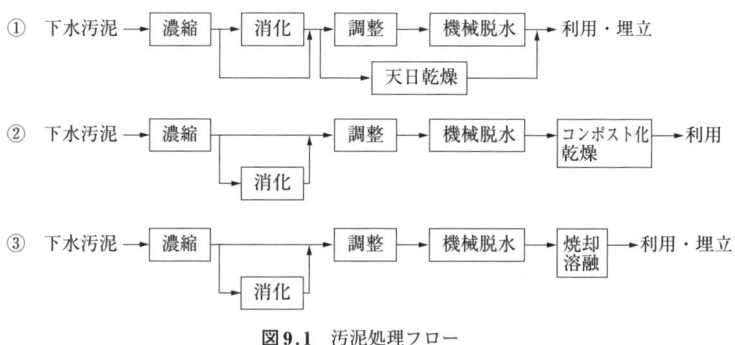

① 下水汚泥 → 濃縮 → 消化 → 調整 → 機械脱水 → 利用・埋立
                                    → 天日乾燥

② 下水汚泥 → 濃縮 → 調整 → 機械脱水 → コンポスト化乾燥 → 利用
              → 消化 ↑

③ 下水汚泥 → 濃縮 → 調整 → 機械脱水 → 焼却溶融 → 利用・埋立
              → 消化 ↑

図9.1 汚泥処理フロー

〔例題1〕

標準活性汚泥法によって2次処理を行い，最初沈殿池汚泥と余剰活性汚泥の混合汚泥を汚泥消化タンクで処理する場合の汚泥発生量を求めよ．ただし，1日最大汚水量 100,000 m^3/d とする．

（解）

表9.1 流入水および処理水の水質

項目	流入水濃度 (mg/l)	最初沈殿池流出水		最終沈殿池流出水		総合除去率 (%)
		除去率 (%)	濃度 (mg/l)	除去率 (%)	濃度 (mg/l)	
BOD	200	30	140	85.7	20	90
SS	200	40	120	83.3	20	90

(1) 流入水および処理水の水質を表9.1のとおりとする．

(2) 最初沈殿池汚泥

最初沈殿池汚泥SS量は，最初沈殿池でのSS除去量から，次のように計算できる．

$$(200-120) \text{g/m}^3 \times (100{,}000 \text{ m}^3/\text{d}) \times (1 \times 10^{-3} \text{ kg/g}) = 8{,}000 \text{ kg/d}$$

最初沈殿池汚泥の含水率を98％とすると，汚泥密度 1,000 kg/m^3 と考えることができるので，この汚泥の容量は，

$$\frac{100\% \times 8{,}000 \text{ kg/d}}{(100-98)\% \times 1{,}000 \text{ kg/m}^3} = 400 \text{ m}^3/\text{d}$$

となる．

(3) 余剰活性汚泥

反応タンクでのBOD除去量は，

$$(140-20)\,\mathrm{g/m^3} \times (100{,}000\,\mathrm{m^3/d}) \times (1\times10^{-3}\,\mathrm{kg/g}) = 12{,}000\,\mathrm{kg/d}$$

となる．

反応タンクでの除去BODのSS転換率を0.5と考えると，除去BODがSSに転換する量は，

$$12{,}000\,\mathrm{kg/d} \times 0.5 = 6{,}000\,\mathrm{kg/d}$$

となる．

最初沈殿池流出水のSSは120 mg/l，最終沈殿池流出水のSSは20 mg/lであるから，除去SS量は，

$$(120-20)\,\mathrm{g/m^3} \times 100{,}000\,\mathrm{m^3/d} \times (1\times10^{-3}\,\mathrm{kg/g}) = 10{,}000\,\mathrm{kg/d}$$

この除去SS量と除去BODのSS転換量の和が，余剰活性汚泥SS量と考えることができ，

$$6{,}000\,\mathrm{kg/d} + 10{,}000\,\mathrm{kg/d} = 16{,}000\,\mathrm{kg/d}$$

となる．

余剰活性汚泥の含水率を99％とすると，その容量は，

$$\frac{100\% \times 16{,}000\,\mathrm{kg/d}}{(100-99)\% \times 1{,}000\,\mathrm{kg/m^3}} = 1{,}600\,\mathrm{m^3/d}$$

となる．

(4) 消化汚泥

最初沈殿池汚泥と余剰活性汚泥を混合消化する場合，消化タンクへの投入汚泥SS量は，

$$8{,}000\,\mathrm{kg/d} + 16{,}000\,\mathrm{kg/d} = 24{,}000\,\mathrm{kg/d}$$

となる．

また，投入汚泥の容量は，

$$400\,\mathrm{m^3/d} + 1{,}600\,\mathrm{m^3/d} = 2{,}000\,\mathrm{m^3/d}$$

である．

SSの消化処理後の除去率を50％とすれば，消化汚泥SS量は，

$$24{,}000\,\mathrm{kg/d} \times (1-0.5) = 12{,}000\,\mathrm{kg/d}$$

となる．

消化汚泥の含水率を96％とすると，その容量は

$$\frac{100\% \times 12{,}000 \text{ kg/d}}{(100-96)\% \times 1{,}000 \text{ kg/m}^3} = 300 \text{ m}^3/\text{d}$$

となる．

9.2 濃　　　縮

a. 重力式汚泥濃縮タンク

汚泥は濃縮する（thickening）ことによって，体積を減少させることができ，汚泥消化タンクや脱水装置の容量を相当節約することが可能となる．

重力式汚泥濃縮タンク（gravity sludge thickener）は，タンク内の汚泥を滞留させて，自然の重力を利用して濃縮を行う．一般に，濃縮にはこの方式が用いられる．

形状は円形とし，有効水深4 m程度のものがよく用いられる．汚泥かき寄せ機を設ける場合の底部こう配は5/100以上とする．タンクの数は原則として2基以上とする．タンクの容量は計画汚泥量の12 hr分程度，タンクの固形物負荷は60～90 kg/m²·dとする．

b. 汚泥の体積と含水率

汚泥の体積は含水率によって変化するが，その関係は次式によって示される．

$$S = Q \cdot \rho \cdot \frac{(100-W)}{100}$$

ここで，S：汚泥の固形物量（t），Q：汚泥の体積（m³），ρ：汚泥の密度（≒ 1 t/m³），W：汚泥の含水率（％）である．

たとえば，$W = 99\%$の汚泥が，$W = 96\%$に濃縮された場合について計算すると，

$$Q_1 = \frac{100 S}{(100-99)\rho} = \frac{100 S}{\rho}$$

$$Q_2 = \frac{100 S}{(100-96)\rho} = \frac{1}{4}\left(\frac{100 S}{\rho}\right)$$

となり，体積が1/4に減少することがわかる．

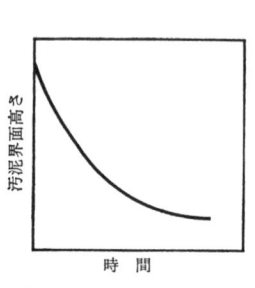

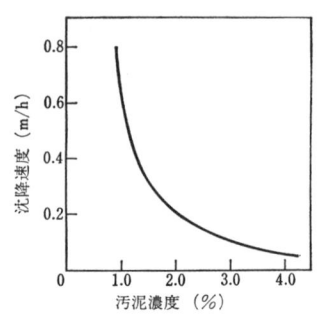

図9.2 汚泥界面沈降曲線　　**図9.3** 初期汚泥濃度と界面沈降速度　　**図9.4** 汚泥濃縮タンク

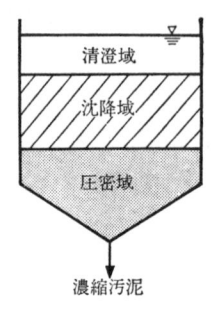

c. 汚泥沈降試験に基づく設計法

　汚泥をメスシリンダーによって静置すると，まず上方の上澄部分と下方の汚泥部分に分かれ，さらに汚泥部分の中で固形物粒子の沈降による圧縮が進行し，上澄部分と汚泥部分の間に明瞭な界面が認められるようになる．この界面は，図9.2に示すように，時間の経過とともに下降する．

　汚泥沈降曲線（sludge settling curve）のうちの直線部分に着目して求められる界面沈降速度と初期汚泥濃度との関係を求めると，図9.3に示すような結果が得られる．

　図9.4に示すような連続濃縮タンクにおいて，タンク内部の物質収支を考えると，次式が得られる．

$$Q_f = Q_0 + Q_u \tag{9.1}$$

$$C_f Q_f = C_0 Q_0 + C_u Q_u \tag{9.2}$$

ここで，C_f：給泥濃度（kg/m^3），Q_f：給泥速度（m^3/d），C_0：清澄液濃度（kg/m^3），Q_0：清澄液排出速度（m^3/d），C_u：排泥濃度（kg/m^3），Q_u：排泥速度（m^3/d）である．

　式（9.2）の右辺で

$$C_0 Q_0 \fallingdotseq 0$$

と考えることができるので，これを無視すると

$$C_f Q_f = C_u Q_u \tag{9.3}$$

となる．

　次に，タンク内の汚泥濃度Cである水平断面における物質収支を考えてみる．

濃度Cの層の沈降速度をRとすると，この断面を沈降によって通過する固体質量速度はCR，タンクの断面積をAとすると，排泥による固体質量速度は

$$CQ_u/A$$

である．したがって，次の物質収支式が成立する．

$$\frac{C_f Q_f}{A} = CR + \frac{CQ_u}{A} = C\left(R + \frac{Q_u}{A}\right) = \frac{C_u Q_u}{A} \qquad (9.4)$$

ここで，C：ある水平断面における汚泥濃度（kg/m^3），R：Cに対応する沈降速度（m/d），A：汚泥濃縮タンク断面積（m^3）である．$C(R + Q_u/A)$は，タンク内水平断面の単位面積当り通過する固体質量であるので，質量沈降速度とよばれる．

上式よりAを求めてみる．

$$\frac{C_f \cdot Q_f}{A} = \frac{C(AR+Q_u)}{A}$$

$$C_f \cdot Q_f = C(AR + Q_u)$$

$$A = \frac{1}{CR}(C_f Q_f - CQ_u)$$

$$\therefore \quad A = \frac{1}{R}\left(\frac{C_f \cdot Q_f}{C} - Q_u\right) \qquad (9.5)$$

図9.3に示すような，回分試験から求められたCとRの関係を用いて式（9.5）を計算し，その値が最大となるときのAの値を設計値として採用する方法が，コー・クルベンガー（Coe-Clevenger）の方法とよばれる．

$$A = [(Q_f \cdot C_f / C - Q_u)/R]_{max} \qquad (9.6)$$

また，この式をコー・クルベンガーの式とよぶ．

d. 浮上式濃縮タンクおよび遠心濃縮機

多くの場合，最初沈殿池に余剰活性汚泥を投入，混合して重力濃縮していたが，重力濃縮しにくい余剰活性汚泥だけを遠心濃縮したり，浮上濃縮するケースが増えている．

浮上式濃縮タンク（floatation thickener）は，汚泥の粒子に微細気泡を付着させ，汚泥の水に対する見かけ比重を小さくして，浮上分離させるものである．

遠心濃縮機（centrifugal thickener）は，重力の場で沈降濃縮しにくい汚泥を，

遠心力の場に置きかえて能率的,効果的に濃縮する.

9.3 嫌気性消化

a. 概　　説

汚泥中の有機物は,嫌気性細菌の働きによって,液化およびガス化の2つの過程を経て分解される.その結果,汚泥はその容積を減じ,かつ安定化する.一般に2段消化方式が用いられる.1次タンクで加温および攪拌を行い,生物反応が行われる.2次タンクで固液分離が行われる.

消化温度(digested temparature)は30〜37℃,消化日数は1次タンクで20 d程度,2次タンクで10 d程度とすればよい.無加温の場合には,消化日数は60〜90 dとする.

汚泥消化タンク(sludge digestion tank)の構造は鉄筋コンクリート造とし,固定カバーが採用される.かき混ぜ装置,加温装置,ガス捕集装置などが設けられる.タンクの形状は,円筒形,卵形,あるいは亀甲形とする.2系列以上設けることが望ましい.

タンクの容積は,消化すべき汚泥の固形物質,消化日数,期待される消化の程度,消化の方法を考慮して,次式によって計算する.

$$V = \left(\frac{Q_1 + Q_2}{2}\right) T \tag{9.7}$$

ここで,V:タンクの所要容積(m^3),Q_1:投入汚泥量(m^3/d),Q_2:引抜き消化汚泥量(m^3/d),T:消化日数(d)である.

ガス発生量は,分解した強熱減量(VS)の1 kg当り約1 m^3であり,組成は

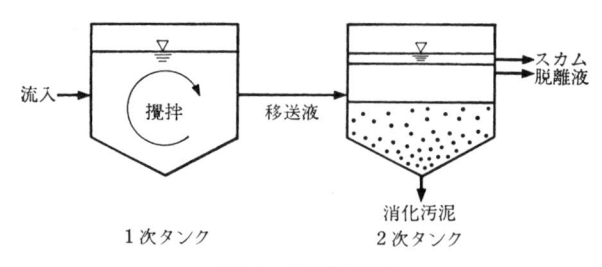

図9.5　嫌気性消化法

CH_4 60％, CO_2 35％程度で, 熱量は5,000～6,000 kcal/m³である.

消化汚泥（digested sludge）は含水率92～95％で, ベルトプレス沪過機, 遠心脱水機などによって脱水される. 脱離液は流入管きょまたは最初沈殿池に返送して処理する（図9.5）.

b. 原　理

消化過程の間に汚泥中の有機物は, 液化とガス化の2つの過程を経て, 微生物によって分解される.

液化は加水分解（hydrolysis）と酸生成（acidogenic）に分けられる. 加水分解は, 酸生成菌（acidogenic bacteria）のあるもの—これを加水分解菌とよぶこともできよう—によって行われる. 細胞外酵素は, 複雑な炭水化物（多糖額）を単糖類と二糖類に, タンパク質をアミノ酸と短鎖ペプチドに, 脂肪を長鎖脂肪酸とグリセリンとに加水分解する. 次に, これらは酸生成菌によって揮発性脂肪酸（とくに酢酸）, アルコールなどに分解される. 酸生成菌は汚水や汚液中に多数存在し, 増殖速度が大きい.

次のガス化の段階で, 液化による最終生成物はさらに分解されて, ガス状の最終生成物になる. これはメタン菌（methanogenic bacteria）の働きによる. こうした混合ガスの主成分は, CH_4（メタン）とCO_2とである. 消化が均衡を保って進行している過程では, 液化とガス化が同時に起こる. メタン菌は酸生成菌によって生成される有機酸などを利用するが, pHに敏感であり, 6.5～8.0が好適

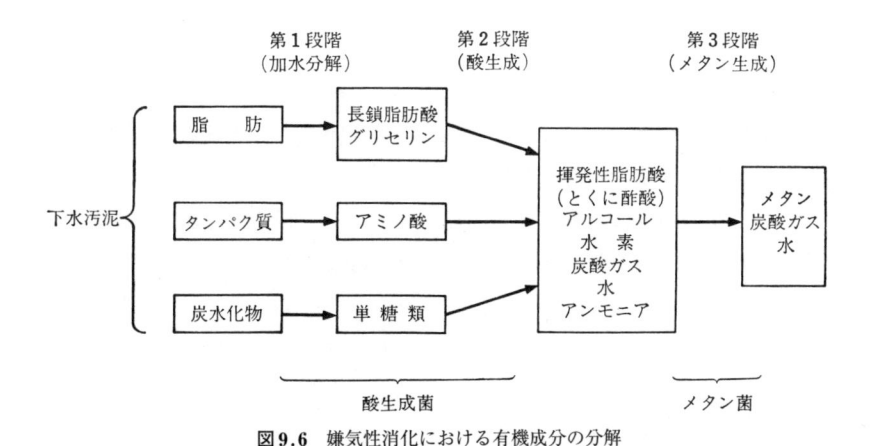

図9.6 嫌気性消化における有機成分の分解

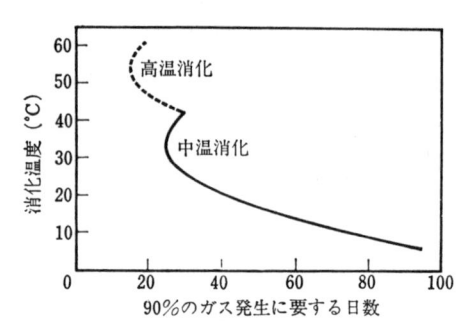

図9.7 消化温度と消化日数の関係
(Fair, Moore, Sew, W. J., 1934 を基に作成)

pH範囲であり，最適pH値は7.2〜7.4である．増殖速度は小さい．それゆえ，有機酸の生成がメタン菌による有機酸の分解より大きくなり，酸が蓄積してpHが低下し，そのためメタン菌の活動がますます抑制されることがある．有機酸の最大許容濃度は，ふつう2,000〜3,000 mg/l（酢酸として）である．結局，ガス化が汚泥消化の律速段階である（図9.6）．

c. 消化温度および消化日数

嫌気性消化（anaerobic digestion）は温度の影響を受ける．最終ガス発生量の90％のガスが発生するまで要する日数は，図9.7に示すように，消化温度によって異なる．最適温度が30〜37℃のものを中温菌，50〜55℃のものを高温菌とよび，前者の温度域で消化を行う方法を中温消化，後者の温度域で行う方法を高温消化とよぶ．

高温消化は，中温消化にくらべて，消化日数（digestion period）が少なくて済むが，温度変化に敏感であること，加温に必要な熱量が大きくなり熱経済上不利であることなどの理由で，あまり採用されていない．

汚泥量が少ない場合に，無加温の汚泥消化タンクを採用する場合がある．消化日数は冬期の汚泥温度を基準として定めなければならない．

d. 攪拌装置

攪拌によってタンク内の温度分布を均一にし，かつタンク内の汚泥を均質にすることは，消化効率を高めるうえで重要である．

攪拌装置には，スカム破砕の目的をかねて機械攪拌方式とガス攪拌方式とに大

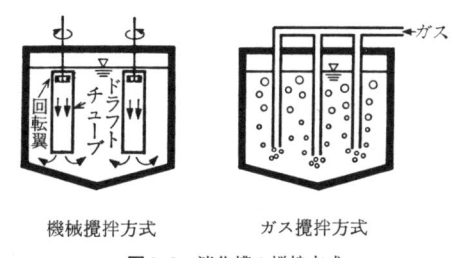

機械攪拌方式　　　ガス攪拌方式
図9.8　消化槽の攪拌方式

熱交換器を用いる方法　　　蒸気を吹込む方法
図9.9　消化槽の加温方式

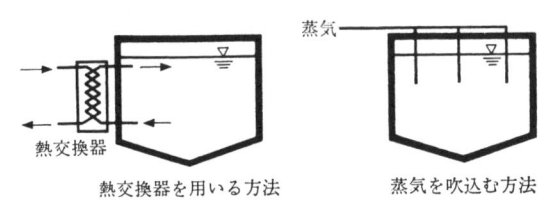

別される（図9.8）．

前者には，ドラフトチューブ（draft tube）攪拌機を用いるものと，タンク外部の汚泥循環ポンプを用いるものなどがある．

後者は，消化ガスを加圧してタンク底部付近に吹込み，ガスリフト効果によってタンク内の汚泥のかき混ぜを行うものである．次のような利点がある．

(1) 機械的な損耗部分が少なく，故障が少ない．
(2) タンク内液位に変動があっても，かき混ぜが一定に維持される．
(3) 同一の動力消費量で，機械攪拌方式の2〜3倍のかき混ぜ強度を得ることができる．
(4) 設備費，経常費が安い．

e. 加温装置

熱交換器を用いる方法と蒸気を吹込む方法がある．

熱交換器は，汚泥または脱離液用の内管と温水用の外管よりなる二重管式である．建設費が高いが，汚泥または脱離液と温水のいずれも強制循環させるので，伝熱効率がよい（図9.9）．

蒸気を吹込む方法は，高温の蒸気を直接汚泥中に吹込む方法で，建設費が安く，操作も簡単である．前者と異なり，直接加温方式であるので，熱効率の点では最

もすぐれている.

f. ガス捕集装置

汚泥消化タンクのカバー上にガスドームを設け，ガス捕集管によって消化ガスを捕集する.

ガス発生量は消化の指標として重要である．ふつう投入汚泥量の7〜10倍容量のガスが発生する．厳密には強熱減量1 kg当りの発生量で示すのがよく，約1,000 l となる.

消化ガス（digestion gas）中には0.005〜0.01％程度の硫化水素が含まれているので，そのままボイラーで燃焼すると，

$$H_2S + 2O_2 \longrightarrow SO_3 + H_2O$$
$$SO_3 + H_2O \longrightarrow H_2SO_4$$

の反応によって硫酸が生成され，腐食の原因になる．そこで，硫化水素を除去するため，乾式または湿式の脱硫装置が用いられる．乾式脱硫装置には酸化鉄粉とのこぎりくず（木屑）の混合物が詰められており，

$$Fe_2O_3 \cdot 3H_2O + 3H_2S \longrightarrow Fe_2S_3 + 6H_2O$$
$$Fe_2O_3 \cdot 2H_2O + 3H_2S \longrightarrow 2FeS + S + 6H_2O$$

という反応で，脱硫する．湿式脱硫装置は，吸収塔上部から滴下する2〜3％の炭酸ナトリウム液をガスと向流・接触させて，

$$Na_2CO_3 + H_2S \longrightarrow NaHS + NaHCO_3$$

という反応で，脱硫する．一般に，ガス発生量が大きい場合に湿式が用いられる.

ガスホルダの容量は消化ガス発生量の0.5〜1.0日分とする.

g. タンクの容量

汚泥中の有機物が，消化によって，消化日数に比例して，すなわち零次反応で減少するとすれば，次式が成立する.

$$S_2 = (1 - R \cdot \alpha)S_1 \tag{9.8}$$

ここで，S_2：消化日数 T （d）後の消化汚泥の固形物量（t/d），R：投入汚泥の固形物量中の有機物量（強熱減量）の割合（-），α：消化日数 T （d）後に汚泥中の有機物量（強熱減量）が液化およびガス化して減少する割合（-），S_1：投入汚泥の固形物量（t/d）である.

また，投入汚泥量については，次式が成立する．

$$S_1 = Q_1 \cdot \rho \cdot \frac{100 - W_1}{100}$$

ここで，Q_1：投入汚泥量（m³/d），ρ：汚泥の密度（≒ 1 t/m³ = 1,000 kg/m³），W_1：投入汚泥の含水率（％）である．ゆえに，

$$Q_1 = \frac{100 S_1}{(100 - W_1)\rho} \tag{9.9}$$

が得られる．

消化汚泥については，次式が成立する．

$$S_2 = Q_2 \cdot \rho \cdot \frac{100 - W_2}{100}$$

ここで，Q_2：消化汚泥量（m³/d），W_2：消化汚泥の含水率（％）である．ゆえに，

$$Q_2 = \frac{100 - S_2}{(100 - W_2)\rho}$$

となる．上式に式（9.8）を代入すると，

$$Q_2 = \frac{100(1 - R \cdot \alpha)S_1}{(100 - W_2)\rho}$$

$$= \frac{100(1 - R \cdot \alpha)}{(100 - W_2)\rho} \cdot \frac{Q_1 \cdot \rho (100 - W_1)}{100}$$

$$\therefore\ Q_2 = Q_1(1 - R \cdot \alpha) \cdot \frac{100 - W_1}{100 - W_2} \tag{9.10}$$

なお，2段消化の場合の1次タンクと2次タンクの消化日数の比は，1:1または2:1とする．1次タンクでは，撹拌と加温が行われ，汚泥の分解作用は大部分ここで行われる．2次タンクでは，撹拌および加温は行わず，消化汚泥の分離が行われる．

〔例題2〕

含水率98％，有機物質含有率60％の汚泥を200 m³/d投入し，30 d消化によって，有機物質含有率の2/3が液化およびガス化して，含水率95％の消化汚泥を引抜く場合の汚泥消化タンクの容量を求めよ．

(解)

$Q_1 = 200 \text{ m}^3/\text{d}$, $R = 0.6$, $\alpha = 2/3$, $W_1 = 98\%$, $W_2 = 95\%$ である.
これらの値を式 (9.10) に代入すれば,

$$Q_2 = 200 \text{ m}^3/\text{d} \times \left(1 - 0.6 \times \frac{2}{3}\right) \times \frac{100-98}{100-95}$$
$$= 48 \text{ m}^3/\text{d}$$
$$T = 30 \text{ d}$$

であるから,式 (9.7) より

$$V = \left(\frac{200+48}{2} \text{ m}^3/\text{d}\right) \times 30 \text{ d}$$
$$= 3{,}740 \text{ m}^3/\text{d}$$

を得る.

9.4 脱　　水

a. 概　　説

濃縮汚泥や消化汚泥の含水率は96～98%であり,これを含水率80%程度に脱水すると,ケーキ状になり,汚泥容積は1/5～1/10程度に減少する.

脱水方法には天日乾燥,機械脱水があるが,機械脱水が多く用いられている.機械脱水には沪過式と遠心分離式とがあり,沪過式にはベルトプレス式,加圧式および真空式があるが,ベルトプレス式が多く採用されている.

b. 天日乾燥

天日乾燥床 (sludge drying bed) は汚泥の水分を砂層に浸透・分離し,さらに蒸発によって汚泥を乾燥させるものである.長方形とし,床数は乾燥所要日数以上とする.最上層は厚さ20～30 cmの粗砂層,次に20 cmの砂利層をおき,砂利層の下部には150～200 mmの陶管を,2～6 mの間隔に空目地に布設する.

乾燥日数は15～20 d,汚泥の投入厚さは10～20 cmで,所要面積は次式によって求める.

$$A = \frac{Q \cdot T}{D} \tag{9.11}$$

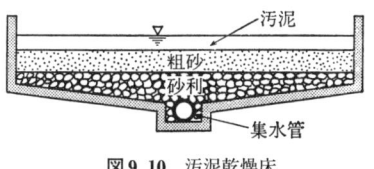

図9.10 汚泥乾燥床

ここで，A：所要面積（m^2），Q：投入汚泥量（m^3/d），T：乾燥日数（d），D：投入汚泥の厚さ（m）である．

上澄み液および沪液は，最初沈殿池の前に返送される．乾燥汚泥の水分は55％程度である．

c. 真空沪過

1）概説 汚泥は，アルカリ度を低下させるために，清水または2次処理水で洗浄し，さらに，はじめに塩化第2鉄，次に消石灰を添加して攪拌することによって調質する．調質した汚泥は真空沪過機（vacuum filter）で脱水される．真空沪過機の容量は次式によって求められる．

$$A = 1,000(1-w)\frac{Q}{V} \quad (9.12)$$

ここで，A：沪過面積（m^2），Q：汚泥量（m^3/h），V：沪過速度（$kg/m^2 \cdot h$），w：汚泥含水率（-）である．真空度は300〜600 mmHg，ケーキの水分は65〜75％である．

2）汚泥の調質 真空沪過（vacuum filtration）の場合に限らず，汚泥脱水の前処理として種々の方法による汚泥の調質が行われる．すなわち，洗浄，凝集剤添加などである．

i）洗浄： 消化汚泥は，消化によって生じた炭酸水素塩を含有し，アルカリ度が2,000〜3,000 mg/lに達する．重炭酸塩は塩化第2鉄などの凝集剤と反応して，これを消費する．そこで，アルカリ度の低い水で汚泥を洗浄して，アルカリ度を400〜600 mg/l程度に低下させる．

2段向流洗浄がよく用いられ，この場合に洗浄水量は容積で汚泥の4〜5倍とする．洗浄タンク（sludge elutriation tank）は汚泥濃縮タンクの働きもあり，固形物負荷は60〜90 kg/$m^2 \cdot d$とする．洗浄排水は流入下水とともに処理する必要がある（図9.11）．

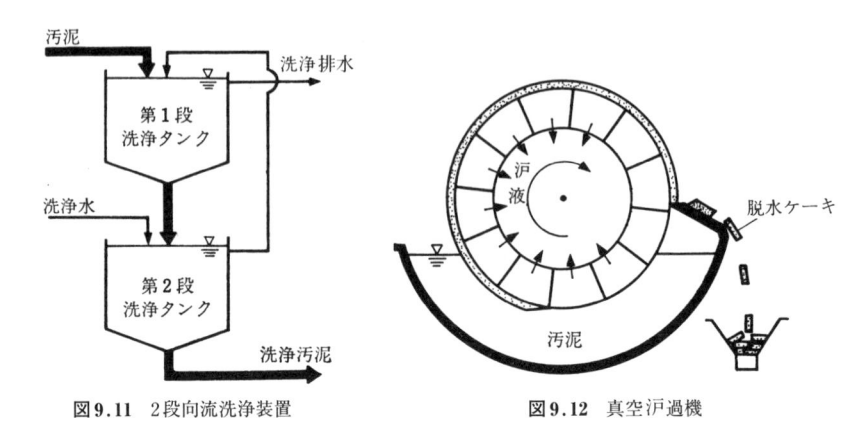

図9.11 2段向流洗浄装置　　図9.12 真空沪過機

生汚泥は，消化汚泥より洗浄の効果が少ないので，直接凝集剤を添加する場合が多い．

ii）凝集剤添加： 汚泥粒子を凝集して脱水効果を向上させるために，凝集剤添加が行われる．凝集剤には，塩化第2鉄，硫酸第1鉄，消石灰，有機高分子凝集剤などが用いられる．

真空沪過の前処理としては，消化汚泥には，汚泥乾燥固形物量に対して塩化第2鉄3～5％，消石灰10～20％を添加し，濃縮汚泥には塩化第2鉄10％，消石灰20～30％を添加する．加圧沪過機の場合は，これに準ずる．

塩化第2鉄と消石灰の2種類の凝集剤を時間をおいて添加するので，凝集混和タンクは2基設置する．一般に，短時間（5 min以内）に強くかき混ぜる方が効果的である．

ベルトプレスフィルターおよび遠心分離機では，有機高分子凝集剤が用いられる．これを用いるとケーキの増量がなく，焼却する場合も可燃性であるため焼却灰が減少して有利である．

3）構造 調質された汚泥は，ドラムの下にあるバットに送入される．回転ドラムは沪布でおおわれており，ドラムの内部が真空となり，液は沪布を通ってドラム内部の真空パイプに入り，沪液として排水される．沪布で分離された固形物はケーキとして剥離される（図9.12）．

沪過速度は単位沪過面積当り，単位時間当り発生するケーキの乾燥重量で示される．毎時 Q（m^3）脱水して得られるケーキの乾燥重量 W（kg）は，汚泥の密

度 ρ を $1,000\,\mathrm{kg/m^3}$ とみなせば,

$$W(\mathrm{kg}) = (1-w)Q\cdot\rho$$
$$= (1-w)Q \times 1{,}000$$

となり,これを沪過速度 $V(\mathrm{kg/m^2\cdot h})$ で除したものが,所要の沪過面積 A ($\mathrm{m^2}$) となり,式 (9.12) が得られる.

本法は,添加する凝集剤により,脱水ケーキの固形物量が増えること,ケーキの発熱量が低下すること,維持管理が厄介であることから,新規に採用する事例はない.

〔例題3〕

水分95％の下水汚泥を1日当り $120\,\mathrm{m^3}$ 脱水したい.塩化第1鉄および消石灰を,汚泥中の固形物の乾燥重量当りそれぞれ5％および20％添加したものを,沪過速度 $15\,\mathrm{kg/m^2\cdot h}$ で脱水し,水分75％の脱水ケーキを得ようとする場合,真空沪過機の容量と脱水ケーキ容積を求めよ.

(解)

下水汚泥の固形物質量は,下水汚泥の単位重量を $1,000\,\mathrm{kg/m^3}$ とすると

$$120\,\mathrm{m^3/d} \times \frac{(100-95)\%}{100\%} \times 1{,}000\,\mathrm{kg/m^3} = 6{,}000\,\mathrm{kg/d}$$

となる.

凝集剤添加後の固形物質量は,

$$6{,}000\,\mathrm{kg/d} \times \left(1 + \frac{(5+20)\%}{100\%}\right) = 7{,}500\,\mathrm{kg/d} = 312.5\,\mathrm{kg/h}$$

必要沪過面積 A は,

$$A = \frac{312.5\,\mathrm{kg/h}}{15\,\mathrm{kg/m^2\cdot h}} \fallingdotseq 21\,\mathrm{m^2}$$

脱水ケーキの容積 Q は,脱水ケーキの単位重量を $1,000\,\mathrm{kg/m^3}$ と考えると,

$$7{,}500\,\mathrm{kg/d} = Q\left(\frac{(100-75)\%}{100\%}\right) \times 1{,}000\,\mathrm{kg/m^3}$$

$$\therefore\ Q = \frac{7{,}500\,\mathrm{kg/d}}{1{,}000\,\mathrm{kg/m^3} \times 0.25} = 30\,\mathrm{m^3/d}$$

となる.

d. 加圧沪過機

沪布におおわれた2枚の沪布の間に，$4 \sim 5$ kg/cm^{2}の圧力で，調質した汚泥を送入し，沪布を通して沪液が排出され，沪板の間の空間（沪過室）が固形物で一杯になると，沪板を分離して，ケーキを除去する．

加圧沪過機（filter press）の容量は，真空沪過機と同時に，式（9.12）で求められる．ケーキの水分は65％以下を目標とする．

運転方式には手動，半自動および全自動がある．

また，沪過室内にケーキが充満すると，沪過室内に設けられたダイヤフラムを高圧液体でふくらませてケーキを圧搾脱水させる，圧搾脱水機構付加圧沪過機も用いられている（図9.13）．

本法は，脱水助剤として添加する無機系凝集剤により，脱水ケーキ（sludge cake）の固形物量が増えること，ケーキ発熱量が低下すること，維持管理が厄介であることから，最近の採用事例はほとんどない．

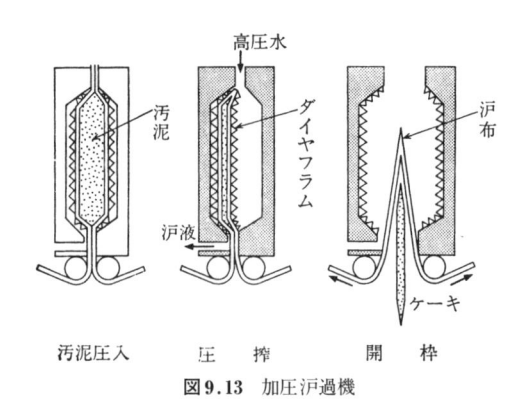

e. ベルトプレスフィルター（belt press filter）

有機高分子凝集剤で調質された汚泥を，フィルターベルトの間に供給し，最初は重力により，次いで上と下から2枚のベルト状沪布をロールで圧縮して脱水する．この装置は，機構の単純さと建設費の安価なことに加えて，有機高分子凝集剤を用いるため，固形物量が少なく，かつケーキの発熱量が低下しないことでヨーロッパ，特にスカンジナビア諸国で用いられているが，わが国でも多く使用されるようになった（図9.14）．

図9.13 加圧沪過機

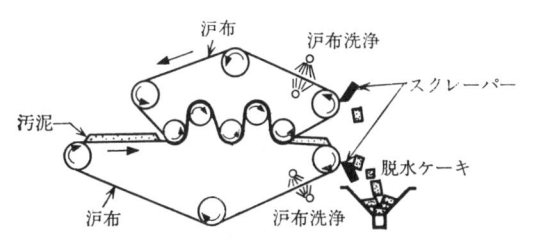

図9.14 ベルトプレスフィルター

f. 遠心脱水機

遠心脱水機は，遠心力を利用して調質した汚泥を脱水するもので，横形連続式遠心脱水機（screw decanter）が多く用いられる．一般に，汚泥に高分子凝集剤を添加して，重力加速度の1,000～3,000倍の遠心効果を与え，固液分離を行う．脱水ケーキは，分離胴（ボウル）よりもわずかに少ない回転数で回転しているスクリューによって排出される．他方，分離液は脱水ケーキとは反対方向に排出される．

一般に，脱水ケーキの含水率は75～85％であり，SSの回収率は95％以上である．

ベルトプレスフィルターと同様に，わが国で多く採用されている．

9.5 焼　　却

a. 概　説

脱水ケーキは，必要な場合，焼却によって減量・安定化される．汚泥焼却炉としては，わが国においては，多段焼却炉（multiple hearth furnace）が実績として一番多く設置されているが，最近の採用例では流動焼却炉（fluidized bed furnace）が最も多い．このほかに乾燥乾留炉（drying-pyrolysis furnace）がある．汚泥焼却炉の構造や運転では，ダイオキシンや地球温暖化の温室効果ガスである一酸化二窒素（N_2O）の排出を低減させることが重要である．

b. 流動焼却炉

図9.15に示すように，一般に立形中空円筒形であり，流動層およびフリーボードからなる．炉本体は耐火れんがで内張りした鋼板製シェル構造によって構成

される.

炉内に珪砂を加えておき，補助燃料で炉内を高温にして，炉の下部から予熱空気を一定の速度で吹き上げて，珪砂を流動状態にしてあるところに脱水ケーキを投入し，瞬間的に焼却する．

空塔速度（フリーボード内の燃焼ガスの速度）を$0.5 \sim 1.2$ m/sとする．燃焼室（流動層）の容積負荷率は$250,000 \sim 600,000$ kcal/m^3·h，炉床面積に対する脱水ケーキの負荷率は$200 \sim 300$ kg/m^2·hとするのが一般的である．焼却温度は$800 \sim 850$ ℃である．補助燃料の消費が多い．

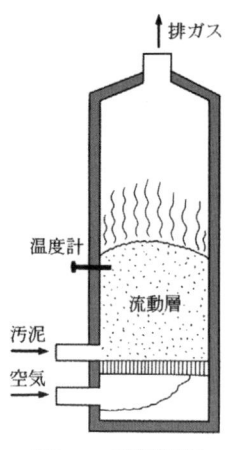

図9.15 流動焼却炉

c. 多段焼却炉

炉頂から投入された脱水ケーキは，回転軸に各段ごとに固定されたアームとティースによって，炉床上に適当な厚さに拡げられ，また各段の炉床上を移動させられるとともに，ドロップホールによって上段から下段へと落下する．この間に脱水ケーキは燃焼ガスと接触し，乾燥，燃焼，冷却の過程を経て，焼却灰（incinerator ash）となって排出される．

炉の段数は$6 \sim 10$段とするが，下段より$2 \sim 3$段を燃焼段，それより上を乾燥

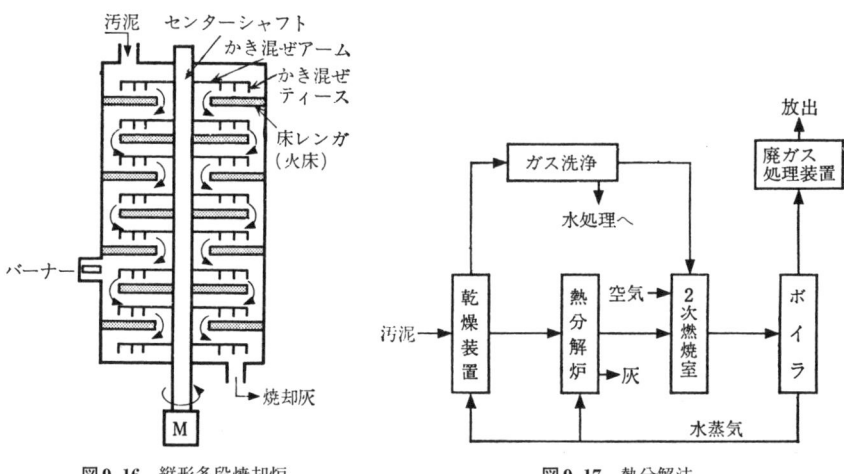

図9.16 縦形多段焼却炉

図9.17 熱分解法

段，また下部を冷却段とする．脱水ケーキの滞留時間は 60 〜 30 min，アームの回転数は 1 rpm 前後，全炉床面積に対する脱水ケーキ負荷率は 30 〜 40 kg/m²·h，燃焼段に対する燃焼室負荷率は 300,000 〜 600,000 kcal/m³·h である（図9.16）．

脱水ケーキの発熱量が多少変動しても，炉内の乾燥段や燃焼段が自律的に上下するので，安定した操業が行える．昼間だけ炉を運転する場合には，炉内の保温のために夜間でも補助燃料を燃焼させることが必要である．

d. 乾燥乾留炉

脱水ケーキをあらかじめ乾燥してから，空気比（燃焼に必要な理論空気量に対する送入空気量の比）0.4 〜 0.8，最高温度 700 〜 900℃で熱分解する方法である．低酸素雰囲気で熱分解するので，分解ガスには多量の可燃性ガスが，またガス液にはタールなどが含まれている．残渣の中に含まれるクロムは 3 価の状態である．排ガス量が少なく，補助燃料は流動床法にくらべて少なくて済む（図9.17）．

9.6 溶 融

a. 概 説

下水汚泥の溶融（melting）は，焼却よりも高温（1,200 〜 1,500℃）で汚泥を処理する方法である．汚泥の有機分は熱分解・燃焼される一方，無機分は溶融されて，その後で冷却されてスラグとなる．発生するスラグは，焼却灰にくらべ容積で約 1/3 にできるとともに，スラグは路盤材などの建設資材として再利用できる特徴をもつ．

溶融炉（melting furnace）は，汚泥の埋立地が十分に確保できない場合や，焼却による減容化でも対応がむずかしい大都市や，いくつかの都市の下水汚泥を広域的に集約して処理する場合に，導入されはじめている方法である．

溶融炉の代表的な形式には，旋回溶融炉，コークスベッド溶融炉，表面溶融炉がある．

b. 溶融方式

1）旋回溶融炉　円筒炉内へ供給した乾燥汚泥（含水率 10% 以下）に対して，接線方向から 100 m/s 以上の高速で燃料用空気を噴入して，強い旋回流で粗粒と微粒に分離する．粗粒は，炉内壁面の溶融膜上に捕捉され，空気と激しく接

触して完全燃焼する．微粒は，浮遊状態で揮発し，きわめて短時間で燃焼する．これにより炉内は，1,600～1,700℃の燃焼温度が維持されて，汚泥の溶融とスラグ化が達成できる．

2）コークスベッド溶融炉　乾燥汚泥（含水率35～45％）をコークスと一緒に投入し溶融する方式で，汚泥の可燃分は熱分解，ガス化，燃焼されて，灰分は溶融スラグ（melted slag）として取出される．

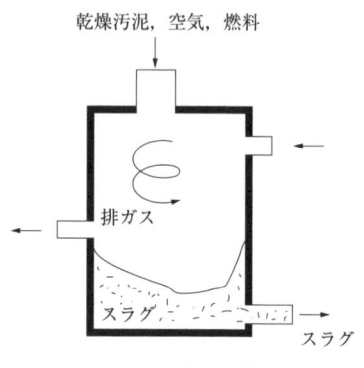

図9.18　旋回溶融炉

3）表面溶融炉　乾燥汚泥（含水率20％程度）は，燃焼室で逆円錐形の溶融面を形成し，燃焼室天井からの輻射熱で，水分の蒸発，有機分の熱分解，熱分解ガスの燃焼，溶融の一連の反応が進む．

9.7　処分および再利用

a. 概　　説

脱水ケーキ，焼却灰，乾燥汚泥，消化・濃縮汚泥などは，陸上埋立て（disposal by sanitary landfill），海面埋立て（disposal by coastal reclamation），海洋還元（ocean disposal）などによって処分されるが，一部は緑・農地還元，建設資材としての再利用などで有効利用される．また，消化ガスを用いたガス発電が，

表9.2　下水汚泥の処分状況（1999年3月末）（単位：千m^3/年）

処理性状＼処分形態	陸上埋立て	海面埋立て	有効利用	その他	計（％）
脱水ケーキ	697	13	967	13	1,691（75）
焼 却 灰	119	35	166	18	339（15）
乾 燥 汚 泥	51	0	57	1	108（5）
消化・濃縮汚泥	27	0	5	85	118（5）
計（％）	894（40）	49（2）	1,196（53）	119（5）	2,256

（注）焼却灰には溶融スラグを含む．乾燥汚泥には堆肥化汚泥を含む．

わが国でも行われるようになった.

b. 処　　分

　わが国における下水汚泥の処分状況は表9.2に示すとおりであり，有効利用されているものが50％以上を占めていることがわかる．埋立て処分されているものが，約40％ある．

　下水汚泥は，脱水，焼却，セメント固化などによって処理された後，陸上または海面に埋立てられる．わが国においては，埋立て処分に付されるものが約40％を占めているのは，その経済性による．埋立てにあたっては，「下水道法」，「廃棄物の処理及び清掃に関する法律」などの規制を受ける．埋立て地は一定期間放置した後，宅地やレクリエーション用地などに利用されることが多い．

　海洋還元は欧米ではかなり広く行われているが，嫌気性消化処理して得られる消化汚泥を対象としており，液状のまま投棄するのが一般的である．汚泥中の有効成分を海洋に還元・利用することは意義があるが，わが国ではあまり行われていない．

c. 再　利　用

　下水汚泥の有効利用の実施状況は表9.3に示すとおりであり，肥料や土壌改良材として，の緑・農地還元されるものが大半を占めている．また，焼却灰のセメント原料化や埋戻し材などの建設資材化も進められている．

表9.3　汚泥有効利用状況（1998年3月）

用　　途	数　量 (t)	処理場数
肥　料	326,979	331
土壌改良材	165,692	94
土質改良材	21,850	7
埋戻し材	60,127	16
コンクリート2次製品	593	4
セメント原料	110,289	71
骨　材	7,928	3
れんが	11,532	15
陶磁器原料	100	1
タイル	239	2
ブロック	2,365	10
その他	35,821	40
計	743,515	594

（注）直営以外の民間・公社などの分を含む．

1）コンポスト　下水汚泥は，N，P，Kをはじめとして，作物の生育に必要な微量元素などもすべて含んでいる有機質肥料として活用されるし，また，適当な粗大有機物質であるワラ，モミガラ，オガクズ，バーク（樹皮），都市ゴミなどと組合わせてコンポスト化（composting）すれば，いわゆる地力培養資材として土地生産力の維持に役立てることができる．そこで，もし有害重金属類の含有率や，農地に対する施用総量についての規制が徹底し，農地や農産物の安全性についての監視体制が確立すれば，その利用価値は大きい．また，脱水ケーキについては，脱水の前処理として消石灰や鉄塩などの無機凝集剤を使用した汚泥は，アルカリ度が高いので，酸性土壌に施用した場合は中和されてよいが，中性土壌に施用する場合は，土壌をアルカリ化させないよう施用量を配慮する必要がある．

2）建設資材　焼却灰は，セメント原料，アスファルトフィラー，コンクリート骨材，路盤材，ブロック，れんが，下水管などの原料として利用したり，工事の埋戻し材あるいは盛土材として利用することもできる．

溶融スラグは，路盤材，コンクリート骨材，ブロック，れんが，下水管，タイル，着色ガラスの原料として利用できる．

3）消化ガス発電　下水汚泥の嫌気性消化過程において消化ガスが発生する．その成分は，メタン60〜65％，二酸化炭素33〜35％，水素0〜2％，窒素0〜3％，硫化水素0.02〜0.08％であり，低位発熱量は5,000〜5,500 kcal/Nm^{3}となっている．

古くから，脱硫後ボイラーで燃焼し，消化タンクの加温に用いられている．

欧米ではガス発電は広く行われており，その大部分はガスエンジンを使用しているが，ガスタービンを使用している例もみられる．消化ガスでエンジンを運転して，その動力で発電し，ガスエンジンの廃ガス中のエネルギーを廃熱ボイラーによって回収するとともに，エンジンの冷却水の熱回収を行い，汚泥の消化タンク加温に利用する．この場合，消化ガスのエネルギーの約30％が電力に変換され，さらに，汚泥消化タンクの加温用熱量を加えれば，全熱利用率は約70％と見込まれる．また，この電力量は，通常の下水処理場で消費される電力量の20〜30％にあたる．なお，ガスタービンの場合には全熱利用率は約50％である．

消化ガス発電（power generation using digestion gas）がわが国ではじめて行われたのは1970（昭和45）年，横浜市南部下水処理場で，現在稼働中のものは

21箇所である．消化ガス発電は，コージェネレーションシステムとして位置づけることができる．わが国の下水処理場で使用している電力量は年間約78億kWhに及んでおり，消化ガス発電などの余剰エネルギーの有効利用施策を推進する必要がある．

参考図書

下水道全般
1. 下水道施設計画・設計指針と解説．日本下水道協会
2. 下水道維持管理指針．日本下水道協会
3. 日本の下水道．日本下水道協会
4. 広瀬孝六郎，下水道学．誠文堂新光社
5. 深谷宗吉，最新実用下水道．工学図書
6. 佐藤昌之，下水道工学．丸善
7. 柏谷　衛，下水道．技報堂出版
8. 本郷文男，下水道講座1～6．鹿島出版会

下水道計画・管きょ・施工法
9. 流域別下水道整備総合計画調査指針と解説．日本下水道協会
10. 板倉　誠，下水道計画．山海堂
11. 西堀清六，下水管きょ・ポンプ場．山海堂
12. 岩塚良三，下水道工事ポケットブック．山海堂
13. 遠山　啓，下水道施工法．山海堂
14. 水理公式集．土木学会
15. 下水道管路施設設計の手引．日本下水道協会

下水および汚泥処理
16. 下水試験方法．日本下水道協会
17. 合田　健，水質工学．丸善
18. 井出哲夫，水処理工学．丸善
19. 野中八郎，下水処理プロセスとプラントの設計．日本下水道協会
20. 栗林宗人，高度処理と再利用．山海堂
21. 洞沢　勇，排水の生物学的処理．技報堂出版
22. 須藤隆一，廃水処理の生物学．産業用水調査会
23. 須藤隆一，環境浄化のための微生物学．講談社

索　引

ア　行

アダムス（Adams）　5
圧力式下水道システム（pressure sewer system）　38
アルカリ度（alkalinity）　87

板谷・手島の式　51
1次生産（primary production）　91

雨水（storm water）　1
雨水浸透施設（rainfall infiltration facilities）　73
雨水滞水池（storm-water reservoir）　103
雨水調整池（storm water reservoir）　72
雨水貯留管（stormwater storage pipe）　75
雨水沈殿池（storm tank）　103
雨水吐き室（overflow weir）　71
雨水ます（street inlet）　65
渦巻ポンプ（volute pump, centrifugal pump）　79

エアレーション沈砂池（aerated grit chamber）　100
HRT　115
AO法　135
A_2O法　135
SRT　121
SV　119
SVI　120
MLSS濃度　119
円形管（pipe）　54
遠心脱水機（screw decanter）　159
遠心濃縮機（centrifugal thickener）　147
塩素消毒（chlorine disinfection）　131

オキシディションディッチ法（oxidation ditch process）　126
汚水（sanitary wastewater）　1

汚水調整池（equalization tank）　101
汚水ます（intercepting chamber）　67
オゾン消毒（ozone disinfection）　133
汚濁負荷量原単位（pollutant load per unit activity）　92
汚泥消化タンク（sludge digestion tank）　148
汚泥滞留時間（sludge retention time）　121
汚泥沈降曲線（sludge settling curve）　146
汚泥容量指標（sludge volume index）　120

カ　行

加圧沪過機（filter press）　158
開削工法（open cut method）　75
階段接合（step connection）　42
回転生物接触法（rotating biological contactor）　128
灰分（ash）　85
回分式活性汚泥法（suquencing batch reactor）　126
海面埋立て（disposal by coastal reclamation）　162
海洋還元（ocean disposal）　162
化学的酸素要求量（chemical oxygen demand）　89
確率年（return period）　24
加水分解（hydrolysis）　149
カスティリアノ（Castigliano）の定理　64
活性汚泥沈殿率（settled sludge volume）　119
カーベイ（Karby）の式　27

ガンギレー・クッター（Ganguillet-Kutter）の式　48
幹線（trunk semer）　37
乾燥乾留炉（drying-pyrolysis furnace）　159, 161
管中心接合（pipe center connection）　41
管頂接合（pipe top connection）　41
管底接合（pipe bottom connection）　41

吸着（adsorption） 113
強熱残留物（ignition residue） 85

クッター（Kutter）の式 47, 48
久野・石黒型 24
クリプトスポリジウム（*Cryptosporidium*） 90

計画1日最大汚水量（design maximum daily wastewater flow） 20
計画1日平均汚水量（design average daily wastewater flow） 20
計画時間最大汚水量（design maximum hourly wastewater flow） 20
計画人口（design population） 19
計画排水区域（design drainage area） 35
計画目標年次（下水道の）（design period） 19
下水（sewage） 1
下水管きょ（sewer） 54
下水管きょ縦断面図（profile） 40
下水処理場（wastewater treatment plant） 36
下水道（sewage works） 1
下水道法（Sewerage Law） 7
下水排除（drainage） 33
ケスナーブラシ式エアレーション（Kessener brush type aeration） 119
嫌気・好気活性汚泥法（anaerobic-oxic activated sludge process） 135
嫌気性消化（anaerobic digestion） 150
嫌気性処理（anaerobic treatment） 129
嫌気・無酸素・好気法（anaerobic-anoxic oxic process） 135

降雨強度（intensity of rainfall） 23
降雨強度曲線（rainfall intensity curve） 23
降雨強度公式（rainfall intensity formula） 23, 24
降雨継続時間（rainfall duration） 23
高度処理（advanced treatment） 133
合理式（rational formula） 30
合流式（combined system） 33
コー・クルベンガー（Coe-Clevenger）の方法 147
固定床法（fixed bed process） 129
混合液浮遊物質濃度（mixed liquor suspended solids concentration） 119
コンポスト化（composting） 164

サ 行

最終沈殿池（final sedimentation tank） 109
最初沈殿池（primary sedimentation tank） 104
細断機（comminutor） 98
再利用（reuse） 139
3次処理（tertiary treatment） 133
散水沪床法（trickling filter process） 126
酸生成（acidogenic） 149
酸生成菌（acidogenic bacteria） 149
酸素活性汚泥法（oxygen aeration activated sludge process） 126
シェジー（Chézy） 47
COD 89
紫外線消毒（ultraviolet disinfection） 132
軸流ポンプ（axial pump, propeller pump） 80
自浄作用（self‐purification） 139
糸状性バルキング（filamentous bulking） 122
枝線（branch sewer） 37
自然流下（gravity flow） 36
遮集式（intercepting system） 35
シャーマン（Sherman）型 24
斜流ポンプ（mixed flow pump, diagonal flow pump） 80
重力式汚泥濃縮タンク（gravity sludge thickener） 145
Pseudomonas denitrificans 136
Pseudomonas fluorescens 136
循環式硝化・脱窒法（recycled nitrification/denitrification process） 137
硝化（nitrification） 89
消化汚泥（digested sludge） 149
消化温度（digested temparature） 148
消化ガス（digestion gas） 152
消化ガス発電（power generation using digestion gas） 164
硝化・内生脱窒法（nitrification/denitrification using endogenous respiration process） 138
消化日数（digestion period） 150
焼却灰（incinerator ash） 160
消毒（disinfection） 130
蒸発残留物（total residue on evaporation） 85
処分（disposal） 139
処理（treatment） 139
処理区（treatment district） 36

索　引

シールド工法（shield tunneling method）　75, 77
真空式下水道システム（vacuum sewer system）
　　38
真空濾過機（vacuum filter）　155
浸透井（infiltration well）　74
浸透管（infiltration pipe）　74
浸透側溝（infiltration curve）　74
浸透池（infiltration pond）　74
浸透ます（infiltration inlet）　74
シンプレックス式エアレーション（Simplex type
　　aeration）　119

水質環境基準（environmental water quality
　　standards）　12
推進工法（pipe jacking method）　75
水面積負荷（surface loading）　105
水面接合（water surface connection）　41
水理学的滞留時間（hydraulic retention time）
　　115
水理特性曲線（hydraulic characteristic curve）
　　48
スカム（scam）　107
スクリューポンプ（screw pump）　82
スクリーン（screen）　79, 96
ズーグレア（zooglea）　116
ステップエアレーション法（step aeration
　　process）　122

生物化学的酸素要求量（biochemical oxygen
　　demand）　88
生物学的酸化（biological oxidation）　113
生物学的硝化・脱窒法（biological denitrification
　　process）　136
生物学的処理（biological treatment）　111
旋回流式エアレーション（spiral flow system
　　aeration）　118
全固形物（total solids）　85
扇状式（fan system）　35
洗浄タンク（sludge elutriation tank）　155
全窒素（total nitrogen）　89
全面エアレーション式（whole floor aeration）
　　118
全有機炭素（total organic carbon）　89

総括流出係数（overall runoff coefficient）　28, 29
掃流力（tractive force）　44

側溝（side gutter）　65

タ　行

多段焼却炉（multiple hearth furnace）　159, 160
脱水ケーキ（sludge cake）　158
脱窒（denitrification）　89
縦形回転刃内蔵式粉砕装置（comminuting
　　screen）　98
タルボット（Talbot）型　24
段差接合（drop connection）　42

チェーンフライト式かき寄せ機（chain flight
　　sludge collector）　107
地下水人工涵養（artifical groundwater recharge）
　　140
昼間人口（daytime population）　20
長時間エアレーション法（extended aeration
　　process）　125
長方形きょ（rectangular conduct）　54
直角式（perpendicular system）　35
沈砂池（grit chamber）　79, 98

継手（joint）　57

TOC　89
デレーケ（D'rijke）　2, 6
電磁流量計（electromagnetic flowmeter）　53
天日乾燥床（sludge drying bed）　154

透視度（transparency）　85
透水性舗装（porous asphalt pavement）　74
土かぶり（covering）　41
トーマス（Thomas）プロット法　25
ドラフトチューブ（draft tube）　151
取付け管（lateral sewer）　65

ナ　行

内生呼吸（endogenous respiration）　114

Nitrosococcus　136
Nitrosomonas　136
Nitrobacter　136

沼知・黒川・淵沢の式　52

濃縮（thickening）　145

ハ 行

排水区(drainage district) 36
排水系統(drainage system) 35
排水施設平面図(plan) 39
吐き口(outlet) 73
パーシャルフリューム(Parshall flume) 52
馬てい形きょ(horseshoe conduct) 54
バルキング(bulking) 122
バルトン(Burton) 6
反応タンク(reactor) 115

pH 86
BOD 88
BOD-SS負荷(BOD-SS loading) 115
比増殖速度(specific grow rate) 121
ヒートポンプ(heat pump) 141
ヒューム管(Hume pipe) 56
標準活性汚泥法(conventional activated sludge process) 115
ビルクリー(Bürkli)公式 31

ファン・デル・ワールス(van der Waals)力 110
富栄養化(eutrophication) 91
伏越し(inverted syphon) 70
浮上式濃縮タンク(floatation thickener) 147
浮遊物質(suspended solids) 85
ブリックス(Brix)公式 32
分流式(separate system) 33

平均流速公式(velocity formula) 47
平行式(parallel system) 35
ヘーゼン(Hazen)理論 104
ベルトプレスフィルター(belt press filter) 158
ベンチュリメーター(Venturi meter) 53

放射式(radial system) 35
ポンプ(pump) 79
ポンプ場(pumping station) 78

ポンプます(wet well) 82, 84

マ 行

マクマス(McMath)公式 32
マニング(Manning)の式 44, 46, 47
マンホール(man-hole) 68

ミーダー式かき寄せ機(Meider type sludge collector) 107

メタン菌(methanogenic bacteria) 149

ヤ 行

薬品沈殿法(chemical sedimentation) 109
ヤンセン(Janssen)の式 60

UASB法(upflow anaerobic sludge blanket process) 130

溶解性物質(dissoeved matter) 85
溶存酸素(dissolved oxygen) 87
揚程(pump head) 80
溶融(melting) 161
溶融スラグ(melted slag) 162
溶融炉(melting furnace) 161
予備エアレーションタンク(pre-aeration tank) 101

ラ 行

卵形管(egg-shaped sewer) 54

陸上埋立て(disposal by sanitary landfill) 162
流下時間(time of flow) 26, 27
流出係数(runoff coefficient) 28
流達時間(time of concentration) 26, 27
流動焼却炉(fluidized bed furnace) 159
流動床法(fluidized bed process) 130
流入時間(time of inlet) 26
リン(phosphorus) 90
リンドレー(Lindley) 5

著者略歴

松本順一郎
1923 年　大連に生まれる
1947 年　東京大学卒業
現　在　東北大学名誉教授
　　　　東京大学名誉教授
　　　　工学博士

西堀清六
1923 年　東京に生まれる
1949 年　東京大学卒業
現　在　日本上下水道設計株式会社
　　　　取締役社長
　　　　工学博士

下水道工学 [第 3 版]

定価はカバーに表示

1982 年 4 月 10 日	初　版第 1 刷
1992 年 9 月 20 日	第 12 刷
1994 年 3 月 20 日	第 2 版第 1 刷
2000 年 3 月 10 日	第 8 刷
2001 年 10 月 20 日	第 3 版第 1 刷
2025 年 1 月 25 日	第 18 刷

著　者　松　本　順　一　郎
　　　　西　堀　清　六
発行者　朝　倉　誠　造
発行所　株式会社　朝　倉　書　店
　　　　東京都新宿区新小川町 6-29
　　　　郵便番号　162-8707
　　　　電　話　03 (3260) 0141
　　　　FAX　03 (3260) 0180
　　　　https://www.asakura.co.jp

〈検印省略〉

©2001〈無断複写・転載を禁ず〉　　Printed in Korea

ISBN 978-4-254-26141-7　C 3051

JCOPY ＜出版者著作権管理機構　委託出版物＞

本書の無断複写は著作権法上での例外を除き禁じられています．複写される場合は，そのつど事前に，出版者著作権管理機構（電話 03-5244-5088, FAX 03-5244-5089, e-mail: info@jcopy.or.jp）の許諾を得てください．

◆ エース土木工学シリーズ ◆
教育的視点を重視し，平易に解説した大学ジュニア向けシリーズ

福井工大 森　康男・阪大 新田保次編著
エース土木工学シリーズ
エース　土木システム計画
26471-5 C3351　　　　A5判 220頁 本体3800円

土木システム計画を簡潔に解説したテキスト。〔内容〕計画とは将来を考えること／「土木システム」とは何か／土木システム計画の全体像／計画課題の発見／計画の目的・目標・範囲・制約／データ収集／分析の基本的な方法／計画の最適化／他

前阪産大 西林新蔵編著
エース土木工学シリーズ
エース　建設構造材料（改訂新版）
26479-1 C3351　　　　A5判 164頁 本体3000円

土木系の学生を対象にした，わかりやすくコンパクトな教科書。改訂により最新の知見を盛り込み，近年重要な環境への配慮等にも触れた。〔内容〕総論／鉄鋼／セメント／混和材料／骨材／コンクリート／その他の建設構造材料

関大 和田安彦・阪産大 菅原正孝・前京大 西田　薫・神戸山手大 中野加都子著
エース土木工学シリーズ
エース　環　境　計　画
26473-9 C3351　　　　A5判 192頁 本体2900円

環境問題を体系的に解説した学部学生・高専生用教科書。〔内容〕近年の地球環境問題／環境共生都市の構築／環境計画（水環境計画・大気環境計画・土壌環境計画，廃棄物・環境アセスメント）／これからの環境計画（地球温暖化防止，等）

樗木　武・横田　漠・堤　昌文・平田登基男・天本徳浩著
エース土木工学シリーズ
エース　交　通　工　学
26474-6 C3351　　　　A5判 196頁 本体3200円

基礎的な事項から環境問題・IT化など最新の知見までを，平易かつコンパクトにまとめた交通工学テキストの決定版。〔内容〕緒論／調査と交通計画／道路網の計画／自動車交通の流れ／道路設計／舗装構造／維持管理と防災／交通の高度情報化

中部大 植下　協・前岐阜大 加藤　晃・信州大 小西純一・北工大 間山正一著
エース土木工学シリーズ
エース　道　路　工　学
26475-3 C3351　　　　A5判 228頁 本体3600円

最新のデータ・要綱から環境影響などにも配慮して丁寧に解説した教科書。〔内容〕道路の交通容量／道路の幾何学的設計／土工／舗装概論／路床と路盤／アスファルト・セメントコンクリート舗装／付属施設／道路環境／道路の維持修繕／他

田澤栄一編著　米倉亜州夫・笠井哲郎・氏家　勲・大下英吉・橋本親弥・河合研至・市坪　誠著
エース土木工学シリーズ
エース　コ ン ク リ ー ト 工 学
26476-0 C3351　　　　A5判 264頁 本体3600円

最新の標準示方書に沿って解説。〔内容〕コンクリート用材料／フレッシュ・硬化コンクリートの性質／コンクリートの配合設計／コンクリートの製造・品質管理・検査／施工／コンクリート構造物の維持管理と補修／コンクリートと環境／他

福本武明・荻野正嗣・佐野定典・早川　清・古河幸雄・鹿田正昭・嵯峨　晃・和田安彦著
エース土木工学シリーズ
エース　測　　量　　学
26477-7 C3351　　　　A5判 216頁 本体3900円

基礎を重視した土木工学系の入門教科書。〔内容〕観測値の処理／距離測量／水準測量／角測量／トラバース測量／三角測量と三辺測量／平板測量／GISと地形測量／写真測量／リモートセンシングとGPS測量／路線測量／面積・体積の算定

京大 池淵周一・京大 椎葉充晴・京大 宝　馨・京大 立川康人著
エース土木工学シリーズ
エース　水　　文　　学
26478-4 C3351　　　　A5判 216頁 本体3800円

水循環を中心に，適正利用・環境との関係まで解説した新テキスト。〔内容〕地球上の水の分布と放射／降水／蒸発散／積雪・融雪／遮断・浸透／斜面流出／河道網構造と河道流れの数理モデル／流出モデル／降水と洪水のリアルタイム予測／他

大塚浩司・庄谷征美・外門正直・小出英夫・武田三弘・阿波　稔著
コンクリート工学（第2版）
26151-6 C3051　　　　A5判 184頁 本体2800円

基礎からコンクリート工学を学ぶための定評ある教科書の改訂版。コンクリートの性質理解のためわかりやすく体系化。〔内容〕歴史／セメント／骨材・水／混和材料／フレッシュコンクリート／強度・弾性・塑性・体積変化／耐久性／配合設計

◆ エース建築工学シリーズ ◆
教育的視点を重視し，平易に解説した大学ジュニア向けシリーズ

五十嵐定義・脇山廣三・中島茂壽・辻岡静雄著
エース建築工学シリーズ
エース 鉄 骨 構 造 学
26861-4 C3352　　A5判 208頁 本体3400円

鋼構造の技術を，根幹となる構造理論に加え，平易に解説。定番の教科書を時代に即して改訂。大学・短大・高専の学生に最適。〔内容〕荷重ならびに応力の算定／材料／許容応力度／接合法／引張材／圧縮材の座屈強さと許容圧縮応力度／他

前京大 松浦邦男・京大 高橋大弐著
エース建築工学シリーズ
エース 建 築 環 境 工 学 Ⅰ
—日照・光・音—
26862-1 C3352　　A5判 176頁 本体3200円

建築物内部の快適化を求めて体系的に解説。〔内容〕日照(太陽位置，遮蔽設計，他)／日射(直達日射，日照調整計画，他)／採光と照明(照度の計算，人工照明計画，他)／音環境・建築音響(吸音と遮音・音響材料，室内音響計画，他)

京大 鉾井修一・近大 池田哲朗・京工繊大 新田勝通著
エース建築工学シリーズ
エース 建 築 環 境 工 学 Ⅱ
—熱・湿気・換気—
26863-8 C3352　　A5判 248頁 本体3800円

Ⅰ巻を受けて体系的に解説。〔内容〕Ⅰ編：気象／Ⅱ編：熱(熱環境と温熱感，壁体を通しての熱移動と室温，他)／Ⅲ編：湿気(建物の熱・湿気変動，結露と結露対策，他)／Ⅳ編：換気(換気計算法，室内空気室の時間変化と空間変化，他)

京大 渡辺史夫・近大 窪田敏行著
エース建築工学シリーズ
エース 鉄筋コンクリート構造
26864-5 C3352　　A5判 136頁 本体2800円

教育経験をもとに簡潔コンパクトに述べた教科書。〔内容〕鉄筋コンクリート構造／材料／曲げおよび軸力に対する梁・柱断面の解析／付着とせん断に対する解析／柱・梁の終局変形／柱・梁接合部の解析／壁の解析／床スラブ／例題と解

前阪大 中塚　佶・日大 濱原正行・近大 村上雅英・秋田県大 飯島泰男著
エース建築工学シリーズ
エース 建 築 構 造 材 料 学
26865-2 C3352　　A5判 212頁 本体3200円

設計・施工に不可欠でありながら多種多様であるために理解しにくい建築材料を構造材料に絞り，構造との関連性を含めて簡潔に解説したテキスト〔内容〕Ⅰ編：建築の構造と材料学，Ⅱ編：主要な建築構造材料(コンクリート，鋼材，木質材料)

前東大 村井俊治総編集

測 量 工 学 ハ ン ド ブ ッ ク

26148-6 C3051　　B5判 544頁 本体25000円

測量学は大きな変革を迎えている。現実の土木工事・建設工事でも多用されているのは，レーザ技術・写真測量技術・GPS技術などリアルタイム化の工学的手法である。本書は従来の"静止測量"から"動的測量"への橋渡しとなる総合HBである。〔内容〕測量工学から関連技術の変遷／地上測量／デジタル地上写真測量／海洋測量／GPS／デジタル航空カメラ／レーザスキャナ／高分解能衛星画像／レーダ技術／熱画像システム／主なデータ処理技術／計測データの表現方法

日中英用語辞典編集委員会編

日中英土木対照用語辞典 (普及版)

26150-9 C3551　　A5判 500頁 本体8800円

日本・中国・欧米の土木を学ぶ人々および建設業に携わる人々に役立つよう，頻繁に使われる土木用語約4500語を選び，日中英，中日英，英日中の順に配列し，どこからでも用語が捜し出せるよう図った。〔内容〕耐震工学／材料力学，構造解析／橋梁工学，構造設計，構造一般／水理学，水文学，河川工学／海岸工学，湾岸工学／発電工学／土質工学，岩盤工学／トンネル工学／都市計画／鉄道工学／道路工学／土木計画／測量学／コンクリート工学／他。初版1996年。

室　達朗・荒井克彦・深川良一・建山和由著

最新建設施工学
— ロボット化・システム化 —

26131-8 C3051　　　　A 5 判 208頁 本体3800円

新たな視点から建設施工学を捉え，新しい制御技術をやさしく簡潔に記述したテキスト。〔内容〕序論／自動制御の要素技術／自動制御の手法／建設ロボットの要素技術／ロコモーション方式の自動化／建設工事におけるロボットの開発事例

元東北大 松本順一郎編

水環境工学

26132-5 C3051　　　　A 5 判 228頁 本体3900円

水環境全般について，その基礎と展開を平易に解説した，大学・高専の学生向けテキスト・参考書〔内容〕水質と水文／各水域における水環境／水質の基礎科学／水質指標／水環境の解析／水質管理と水環境保全／水環境工学の新しい展開

巻上安爾・土屋　敬・鈴木徳行・井上　治著

土木施工法

26134-9 C3051　　　　A 5 判 192頁 本体3800円

大学，短大，工業高等専門学校の土木工学科の学生を対象とした教科書。図表を多く取り入れ，簡潔にまとめた。〔内容〕総説／土工／軟弱地盤工／基礎工／擁壁工／橋台・橋脚工／コンクリート工／岩石工／トンネル工／施工計画と施工管理

前東北大 福田　正編
武山　泰・堀井雅史・村井貞規・遠藤孝夫著

新版 交通工学

26142-4 C3051　　　　A 5 判 176頁 本体3600円

道路を対象にしてまとめられたテキスト。〔内容〕交通と道路／都市交通計画／交通調査と交通需要予測／交通流の特性／交通容量／交差点設計／道路の人間工学／交通事故／道路の幾何構造設計／交通需要マネジメント／交通と環境／道路施設

京大 岡二三生著

土質力学

26144-8 C3051　　　　A 5 判 320頁 本体5200円

地盤材料である砂・粘土・軟岩などの力学特性を取り扱う地盤工学の基礎分野が土質力学である。本書は基礎的な部分も丁寧に解説し，新分野としての計算地盤工学や環境地盤工学までも体系的に展開した学部学生・院生に最適な教科書である

東大 魚本健人著

コンクリート診断学入門
— 建造物の劣化対策 —

26147-9 C3051　　　　B 5 判 152頁 本体3600円

「危ない」と叫ばれ続けているコンクリート構造物の劣化診断・維持補修を具体的に解説。診断ソフトの事例付。〔内容〕コンクリート材料と地域性／配合の変化／非破壊検査／鋼材腐食／補強工法の選定と問題点／劣化診断ソフトの概要と事例／他

東工大 池田駿介・名大 林　良嗣・京大 嘉門雅史・
東大 磯部雅彦・東工大 川島一彦編

新領域　土木工学ハンドブック

26143-1 C3051　　　　B 5 判 1120頁 本体38000円

〔内容〕総説（土木工学概論，歴史的視点，土木および技術者の役割）／土木工学を取り巻くシステム（自然・生態，社会・経済，土地空間，社会基盤，地球環境）／社会基盤整備の技術（設計論，高度防災，高機能材料，高度建設技術，維持管理・更新，アメニティ，交通政策・技術，新空間利用，調査・解析）／環境保全・創造（地球・地域環境，環境評価・政策，環境創造，省エネ・省資源技術）／建設プロジェクト（プロジェクト評価・実施，建設マネジメント，アカウンタビリティ，グローバル化）

日本水環境学会編

水環境ハンドブック

26149-3 C3051　　　　B 5 判 760頁 本体32000円

水環境を「場」「技」「物」「知」の観点から幅広くとらえ，水環境の保全・創造に役立つ情報を一冊にまとめた。〔目次〕「場」河川／湖沼／湿地／沿岸海域・海洋／地下水・土壌／水辺・親水空間。「技」浄水処理／下水・し尿処理／排出源対策・排水処理（工業系・埋立浸出水）／排出源対策・排水処理（農業系）／用水処理／直接浄化。「物」有害化学物質／水界生物／健康関連微生物。「知」化学分析／バイオアッセイ／分子生物学的手法／教育／アセスメント／計画管理・政策。付録

上記価格（税別）は 2024年12月現在